인간의 섹스는
왜 펭귄을
가장 닮았을까

인간의 섹스는
왜 펭귄을
가장 닮았을까

다윈도 알지 못한 지구상 모든 생명의
사랑과 성에 관한 상식과 오해

다그마 반 데어 노이트 지음 | 조유미 옮김

차례

지구를 가장 역동적인
행성으로 만든 것

어느 따뜻하고 햇살 좋은 오후였다. 내가 집 앞마당에서 꽃을 꺾고 있을 때, 옆집 친구인 빈센트가 담장 위로 얼굴을 내밀며 나에게 물었다. "너 섹스 좋아하니?" 나는 얼굴이 빨개지는 것을 느꼈다. 질문에 충격을 받아서가 아니라 뭐라고 답해야 할지 몰라서다. 왜냐하면 섹스가 뭔지 몰랐기 때문이다.

나는 열나게 생각하기 시작했다. 그 애가 질문하는 태도로 봐서 그것은 꽤 껄끄러운 주제인 것 같았으나 구체적인 어떤 것이 떠오르지는 않았다. 내 시선은 집 둘레에 피어 있던 국화꽃과 산딸기 덩굴을 넘어 내 발 밑에 있는 싱싱한 파란 잔디 위에서 멈췄다.

나는 외교적이라 생각할 만큼 덤덤하게 대답했다. "가끔." 지금 생각해도 그 대답은 멋졌던 것 같다. 빈센트도 그렇게 생각하는 것 같았다. 어쨌든 그는 용기를 얻어서 다음 질문을 던졌다. "그러면, 우리, 할까?"

"그래"라고 나는 최대한 쿨 하게 답하면서 어깨를 살짝 올렸다. 사실은 무슨 일이 일어날지 알 도리가 없었다. "그럼 어디서?" 빈센트가 반기며 물었다. 다행히도 나는 즉시 대답이 튀어나왔다. "덤불에서."

덤불이라. 엄마가 있는 부엌에서, 라고 말하지 않은 것이 다행이었다. 덤불에서 행해지는 일은 대부분 좋은 일이 아니어서 부모님한테는 비밀로 하는 것이 좋겠다는 생각이 들었다. 우리는 오른쪽으로 몇 발짝 옮겨서 덤불 쪽으로 갔다.

이제 시작이다. 그런데 나는 여전히 뭔지 몰랐다. 심장은 목까지 격렬히 뛰었다. "자, 해봐." 빈센트가 말했다. 이번에도 나는 다시 재치를 발휘했다. "너 먼저 해."

빈센트는 단추를 풀고 바지를 내렸다. 바지는 무릎 근처에 걸려 있었다. 그리고는 팬티를 약간 아래로 내렸다. 분홍색 벌레 같은 것이 보였는데 구겨져 있었다. 이 마법의 시간은 빈센트가 팬티를 잽싸게 올리는 바람에 순식간에 끝났다. 그리고 그가 한손으로 바지를 끌어올리느라고 끙끙대면서 염려했던 그 말을 뱉었다.

"이제 네 차례야."

빈센트는 내 '무무(mumu)'를 보려고 한 것이다. 이 모든 일은 그런 목적이었던 것이다. 시간을 얻기 위해 나는 물었다. "먼저 뒤를?" 엉덩이는 무무보다 훨씬 덜 창피할 것 같았다. 나는 대답을 기다리지 않고 바지와 팬티를 같이 살짝 내리고 금방 다시 올렸다. 빈센트가 웃었다. "이제 앞에."

나는 더 이상 피할 수가 없었다. 빨개진 얼굴로 그에게 나의 앞부분을 보여줬다. 그리고는 최대한 빨리 바지를 올렸다.

"그러면 이제 둘이 같이 하자"라고 빈센트가 말했다. 그는 나보다 경험이 많은 것 같았다. 우리는 몇 초 동안 옷을 입은 채로 포개어 누워서 땅 위를 이리저리 굴렀다. 그때 지나가는 사람의 목소리가 들리자 빈센트는 벌떡 일어나서 덤불 사이로 사라졌다. 나는 어리둥절한 채로 누워 있었다. '이게 섹스였어?'

그때 생각을 하면 나는 우리가 조금 안됐다는 생각이 든다. 그렇다. 우리는 순진했다. 하지만 우리가 덤불에서 한 것은 섹스의 본질에 가까웠다. 남자가 여자를 덤불 속으로 끌고 가고, 바닥에서 뒹굴고 난 후, 남자는 사라진다. 동물의 대부분이 일상적으로 하는 행동들이었다. 하지만 나는 그 당시에 그걸 몰랐다.

당시 여섯 살 때 나는 엄마에게 물었어야 했다. "엄마, 섹스가 뭐야?"라고. 그리고는 호기심 많은 어린이답게 계속 물었어야 했다. "섹스는 왜 해?", "남자 애들은 고추가 있는

데, 여자 애는 왜 없어?" 등등. 하지만 나는 그렇게 하지 않았다. 성인이 되어서도 오랫동안 섹스가 무엇인지 아는 것처럼 살았다. 섹스는 좋은 것이고 아기를 만들기 위해 필요한 것이라고. 그리고 정자를 난자에 도달하게 하기 위해 페니스가 필요하다는 것도 알게 되었다.

그러면 내 질문은 더 계속돼야 하지 않았을까?

'섹스가 왜 좋은 건지, 그리고 우리는 왜 무조건 애기를 가져야 하는지?'
'고릴라는 동시에 여자가 10명 있는데, 사람은 왜 여자가 하나뿐인지?'
'난자 하나를 위해서 왜 그렇게 많은 정자가 필요한지?'
'사랑과 섹스에는 왜 그렇게 문제가 많은지?'
'청어는 바람을 피우는 것이 문제가 되지 않는데, 왜 인간은 나쁘게 생각하는지?'
'그리고 그게 사랑하고 무슨 관계가 있는지?'

어린이의 호기심을 발휘하자면 나는 30개도 넘는 질문을 쏟아낸 다음에야 섹스를 이해하기 위한 몇 가지 사랑의 교훈을 얻었을 것이다. 그래서 이 책에서는 사람들이 감히 물어볼 수 없었던 모든 질문들을 끄집어냈다. 그리고 그런 질문을 많이 하면 할수록 핵심에 더 가까워질 수 있었다. 나는 인간을 지구상의 다른 생명체와 비교함으로써 인간의 본원을 추적할 수 있었다.

보통 섹스라고 하면 삐걱대는 침대와 우는 아기가 떠오르곤 한다. 하지만 섹스는 이 지구를 우주상에서 가장 다양하고 역동적인 행성으로 만들었고 또한 우리의 존재를 가능하게 했다.

– 다그마 반 데어 노이트(Dagmar Van Der Neut)

1

섹스의
기원

나는 섹스가 무엇인지 알고 있다고 생각했었다. 섹스는 단순히 성교라고 생각했다. 조금 더 부드럽게 말하자면 사랑을 하고, 같이 침대로 가서 동침하는 것이라고. 나중에는 사람들이 다른 말로도 표현한다는 것을 알았다. '교접하다,

교미하다, 밤을 지내다, 육체적 관계를 맺다, 몸을 섞다, 살을 섞다, 짝을 짓다' 등으로.

섹스가 남녀의 성기와 관계가 있다는 데는 많은 사람들이 동의한다. 그런데 그곳에는 약간의 불확실한 회색 지대가 존재한다. 오랄 섹스가 섹스이냐, 아니냐 하는 데는 의견이 분분하다. (물론 빌 클린턴(Bill Clinton)은 아니라고 주장했다). 그리고 키스(kiss)는 어떤가, 섹스인가 아닌가? 여기에 대해서도 의견이 분분하다. 섹스를 하기 위해서 반드시 신체 접촉이 필요한 것은 아닌지도 모른다. 폰 섹스, 웹캠(webcam) 섹스, 트위터(twitter) 섹스가 있는 것을 보라. 이것을 정의 내리는 것은 중요하다. 왜냐하면 이 정의가 내려져야 바람을 피웠느냐, 아니냐가 정해지기 때문이다.

파트너와 이 정의를 규명하기 위해 나는 생물학계의 도움을 받기로 했다. 생물학자에게 섹스란 두 생물체가 유전 물질을 교환함을 뜻한다. 이를 '유전자적 재조합'이라고 한다. 이는 전혀 낭만적이라고 생각되어지지 않고 실제로도 그러하다. 엄격히 말하자면 수정이 되어 부모의 DNA 재조합에 의해 새로운 인간이 생겨났을 때를 섹스라고 정의할 수 있다. 유전자의 교환이 이루어지지 않은 다른 모든 경우, 생물학적 견지에서는 섹스라고 정의되지 않는다. 사람이 아무리 수고를 했더라도.

즉 섹스는 자손 번식과 동일하다고 생각할 수 있다. 하지만 반드시 그렇지는 않다. 섹스가 반드시 자손 번식과 관계 있는 것은 아니다. 생물체의 대다수는 ─ 단세포 동물 ─ 섹스 없이 번식한다. 박테리아, 곰팡이와 여러 종류의 미생물은 일반적으로 자기 복제를 통해 두 개의 동일한 개체로 나누어지고 이를 계속 반복함으로써 번식하게 된다.

소위 클론(clone)이라고 하는 이 생물체에서는 섹스 행위가 일어나지 않는다. 이 생명체는 홀로 번식하며 다른 생명체를 필요로 하지 않는다. 그럼에도 불구하고 이들 대부분은 가끔 유전자를 서로 교환하기도 함으로써 생물학적 관점으로 볼 때 결국은 섹스를 한 것이 된다.

그렇다면 '섹스의 정확한 정의는 무엇이며, 생물체는 어떤 목적을 가지고 섹스를 하는가?' 이 질문에 대답하기 위해 우리는 시간적으로 아주 오래전으로 돌아가서 최초로 섹스를 했던 생물체를 만나야 한다.

약 46억 년 전 지구가 생성되고 비교적 짧은 시간 후인 40억 년 전쯤 지구에 최초의 생명체가 생겨났다. 그 사이의 시대는 지하 세계 신의 이름인 하데스(Hades)의 이름을 따서 하데스 시대라고 불렸고 생물체가 살 수 없는 환경이었다. 학자들은 뜨거운 지구가 조금 식은 후에 생겨난 작은 단세포 생물체의 화석들을 발견했고 이들은 지금의 박테리아와 근본적으로 다르지 않은 생물체이다. 이들은 스스로 자기 복제를 하며 번식한 것으로 밝혀졌다. 이 지구상에서 처음으로 섹스를 한 존재는 바로 이들이라고 할 수 있다.

이 박테리아가 현대의 박테리아와 여러 면에서 공통점을 가지고 있다는 것을 근거로, 생물학자들은 이들의 유전자 교환도 동일한 방법으로 이루어졌을 것으로 추정하고 있다. 이제 우리는 초기 피조물의 성생활에 대해 어느 정도 알게 되었다. 이것 하나만은 확실하다. 최초의 섹스는 꽤 소름끼치고 변태적이라고 할 만한 도발 행위였다. 즉 이 박

테리아들은 죽은 동료의 시체에서 DNA의 일부를 뜯어오곤
했다. 이것이 바로 오래된 섹스의 실체이다. 낭만이라고?
어림없는 얘기다. 사랑스러운 행태라고 볼 수 있다면 그들
이 – 주는 박테리아와 받는 박테리아끼리 – 서로 DNA를 교환했다
는 정도이다.

그러면 최초의 생명체들은 도대체 무엇 때문에 서로 유전
자를 교환하기 시작했을까? 최초의 섹스 형태는 어째서 생겨
났을까? 이러한 비사회적인 존재가 갑자기 다른 이에게 원시
적인 형태의 '요구'를 했다는 것은 정말 놀라운 발전이다.

지옥 같았던 지구 환경이 이 발전을 촉진시키는 결과가
되었다. 당시 지구 주민이었던 단세포 동물들은 어려운 도
전에 직면해 있었다. 지구 밖 운석의 공격과 일산화탄소, 질
소와 암모니아, 높은 기온 그리고 – 아직 오존층이 생성되기 전이
라 – 태양으로부터 쏟아지는 자외선에서 나오는 독가스가 그
것이다. 그 중에서도 당시 박테리아에게 가장 큰 위험은 자
외선이었다. 자외선은 생물체를 파괴한다. 요즘도 일광욕을
오래 하면 피부가 손상되는 것을 볼 수 있다.

이 조그마한 지구의 주민들은 살아남기 위해서 어떻게든 파괴적인 자외선으로부터 스스로를 보호해야 했다. 일부 박테리아들은 일종의 차단막, 모자, 선글라스 기능을 추가하는 쪽으로 진화하기도 했으나 최선의 방법은 자외선에 의해 손상된 부분을 완벽하고 새로운 DNA로 대체해버리는 방법이다. 즉 다른 박테리아의 DNA를 가져다 쓰는 방법이다.

바로 그래서 유전자의 교환 – 섹스 – 가 생겨난 것이다. 유기체는 자외선에 의해 파괴된 DNA를 섹스 파트너의 건강한 DNA 이중나선으로 수리했다. 섹스는 원초적으로 봤을 때 일종의 선크림이었던 것이다. 얼마나 기발한 착상인가!

그보다 더 기발한 것은 학자들의 추론에 의하면 섹스가 심지어 생명 이전에 이미 존재했다는 것이다. 즉 살아 있는 유기체에서 발생한 물질이 이미 비슷한 방법으로 스스로를 수리하고 있었다는 것이다. 여하튼 섹스는 지난 수백만 년 동안 진화의 원동력이 되었다.

이 원시적인 박테리아가 바이러스와 기생충류로 인해 우연히 새로운 고등 생명체로 진화하였다고 추측된다. 이때의 섹스 형태는 매우 적극적이었다. 한 박테리아가 다른 박테리아를 공격하고 그 속으로 잠입하거나 심지어는 통째로 삼켜버린다. 그래서 결과적으로 한 생명체에 두 개의 유기체가 공존 및 융합하게 된다. 이러한 과정을 통해 결국 더 고차원적인 생명체로 진화하게 된 것이다.

그 후 섹스는 어떻게 발전했는가? 지구가 생성된 후 20억 년 동안 강한 태양 광선은 꾸준히 식어갔다. 이에 선사시대 녹조류들이 햇빛을 받아 산소를 배출하기 시작했다. 그로 인해 오존층이 생겨나고 지구의 생명체들은 강한 자외선으로부터 보호받을 수 있게 되었다. 그런데도 첫 번째 '고등' 생명체들도 ― 아마도 가장 원시적인 유기체들의 섹스로 생성된 ― 계속해서 섹스의 욕구를 가지게 된다. 아무리 더 고차원적이라 하더라도 단세포에 머물고 있던 이 생명체는 자신의 조상과 같은 방법으로 번식하였다. 즉 자기 복제 방식으로.

그때까지만 해도 섹스는 향락과는 아무 관련이 없었다. 2세 번식에 대한 원동력은 주로 스트레스와 생존 의지였다고 볼 수 있다. 환경 조건이 여전히 열악한 탓이었다. 극한 건조기나 극한 고온기, 냉한기 또는 영양 결핍기에 유기체들은 서로 융합하는 방법을 택했다. 생물학자들은 이를 하이퍼섹스(hypersex)라고 부른다. 아주 배고픈 또는 목마른 미니 생명체들은 절망 속에서 서로 얽히고 뭉치곤 했다. 서로를 잡아먹는 시도는 더 이상 하지 않았다.

결과적으로 이러한 시도는 성공적인 협업으로 발전했다. 분업을 함으로써 서로에게 이득이 되고 처녀로 남아 있는 다른 박테리아보다 생존 가능성이 높았다. 그 결과, 자연적인 선별 과정이 생기게 되었다. 반대로 혼자 사는 자들은 외롭게 죽어갔다.

현재 남아 있는 단세포 생물체들도 어려운 환경에서는 서로 협력하는 경향이 있다. 단세포 녹조류인 클라미도모나스(Chlamidomonas)는 평소에는 섹스에 대한 욕구가 없다. 그러다 질소가 결핍된 환경이 되어 문제가 생기면 파트너를 찾게 된다. 두 녹조류 세포는 서로 뭉쳐서 동그란 공 모양이 되어 그 위를 딱딱한 탱크 모양으로 씌우게 된다. 녹조류는 영양 결핍 같은 어려운 시기에는 마치 곰이 겨울잠을 자듯이 그 시기를 넘기곤 한다. 신진대사를 최대한 줄임으로써 수 개월 또는 수 년 동안 생존을 유지한다.

질소가 충분한 물에 도달하면 그들은 다시 겨울잠에서 깨어나서 서로 떨어져 살며 그 전처럼 자기 복제로 번식한다. 왜냐하면 어려운 시기에는 도움이 되었지만 환경이 좋아지면 다시 싱글이 되어 자기 복제하는 것이 더 효율적이기 때문이다.

진화 면에서 괄목할 만한 비약이 있었던 시기는 그로부터 약 15억 년이 지나서이다. 그때 이 작은 우리 선조는 한 단계 발전하게 된다. 즉 그들은 서로 융합되어 있을 때 반쪽으로 잘려나가게 된 것이다. 학자들은 이때 처음으로 유전자 교환이 두 개의 개체 간에 이루어짐과 동시에 부모와 자식 간의 유전자 대물림도 이루어졌다고 추정한다. 섹스가 후계 구도로 자리매김한 것이다. 그리고 그것은 세계를 결정적으로 변화시키는 계기가 되었다.

지구 역사상 처음으로 더 큰 다세포 생물체가 출현하게 된 것이다. 이 생물체들은 서서히, 그러나 확실하게 지구를 점령하기 시작했다. 그 후 수백만 년 동안 다양한 녹조류, 식물, 물고기, 파충류 그리고 마지막으로 포유류와 인간이 출현하게 된다. 이 식물체와 동물체들이 유전자를 교환하는 - 즉 섹스를 하는 - 방법은 말할 수 없이 다양하다. 성적인 유혹의 소리와 짝짓기 행태로 인해 지구는 다양하고 시끄러워졌으나 섹스의 기본은 예전과 변한 것이 없다. 즉 만나서 뭉치고 다시 헤어지는 것에는 변함이 없다.

동물이나 사람이나 섹스에 관련되는 세포들은 - 즉 난자와 정자는 - 단세포이고 그곳에는 우리 유전자의 절반이 들어 있다. 다른 모든 세포에는 아버지와 어머니의 DNA에서 합성된 염색체쌍이 들어 있다. 우리의 성세포(난자나 정자)가 만들어질 때 이 염색체들이 섞이고 나뉘는 것이다. 그로 인해 우리의 난자나 정자는 선조들이 그랬던 것처럼 다시 '처녀와 총각'이 된다.

초기의 단세포 생물들이 가끔 동종의 단세포와 섞이듯이 우리의 성세포도 서로 뭉칠 수 있는 파트너를 찾고 있다. 즉 다른 남자나 여자의 몸에 있는 총각 및 처녀 성세포를. 그들이 서로 섞이게 되면 다시 분리하기 시작해서 결국에는 두 다리와 열 손가락, 아름다운 검은 눈, 똑똑한 머리를 가진 몸으로 태어난다. 역시 단세포로 된 성세포를 가지고 태어난, 그리움으로 가득 찬 이 세포 덩어리는 다시 파트너를 찾아 나선다.

2

인류가 멸종하지
않은 이유

   몇 년 전 미국의 심리학자인 신디 메스톤(Cindy Meston)과 데이비드 버스(David Buss)가 17세부터 42세 남녀를 대상으로 설문조사를 한 결과, 사람들은 아주 다양한 이유로 섹스를 하는 것으로 나타났다. '욕정이 일어나서', '내 사랑을 보

여주기 위해서', '호르몬이 넘쳐서'라는 어느 정도 수긍이 가
는 이유들도 있었지만 아주 많은 다른 답변도 있었다. 누구
는 '월급 인상을 원해서'라는 사람도 있었고 '심심해서' 또는
'결혼하니까 당연한 거지'라거나 '두통을 해소하기 위해서',
'칼로리를 소비하기 위해서', '나를 벌주기 위해서' 또는 '신
(神)과 더 가까워지고 싶어서'라고 대답했다.

사람들이 일상생활에서 섹스를 하는 이유는 무한정하게
많을 수 있다. 하지만 더 깊은 의미는 무엇일까? 생물학적인
견지에서 볼 때 '아기를 갖고 싶어서'라거나 '대를 잇고 싶어
서'라는 답은 위 두 심리학자들이 받은 질문서에는 50위 안
에 들어 있지도 않았다. 섹스의 이유라고 하면 바로 떠오르
는 것이 그것일 텐데도 말이다. 만약 인간이 '바로 그것'에
전혀 관심이 없고 포르노 잡지보다 학문 서적 읽는 것을 더
즐긴다면 인류는 이미 멸종했을 것이다. 그리고 지금부터
아기가 태어나지 않는다면 100년 안에 아니면 그보다 더 일
찍 인류는 지구에서 사라질 것이다.

그런데도 섹스 없는 번식은 아직도 잘 이루어지고 있다.

생명체의 대부분(박테리아)은 상고시대부터 계속 무성(無性)으로 번식해왔다. 그러나 그보다 고등한 존재들도 가끔 독신을 선언하면서도 후손을 얻곤 한다. 딸기는 새싹을 키우고 환절 동물은 마디를 끊어내서 아기 벌레로 만든다. 그리고 우리는 독신으로 번식하는 상어 종류도 있다는 사실을 알고 있다. 무성 자손 번식은 유성(섹스) 자손 번식보다 훨씬 효율적이다. 무성 자손 번식을 하는 한 도마뱀류는 비슷한 류의 도마뱀보다 훨씬 빨리 번식한다.

생물학자들에게 유성 자손 번식은 오랫동안 놀라운 현상이었다. 왜냐하면 모든 유기체는 가능한 가장 적게 에너지를 소비하고자 하기 때문이다. 그런데 섹스는 에너지 소비가 매우 크다. 파트너를 찾기 위해 시베리아의 툰드라를 건너고, 바다를 헤엄쳐 가로지르고, 온 술집을 돌아다니곤 한다. 간택되기 위해 연적을 쏘아 죽이기도 한다. 희롱하고, 유혹하고, 몸치장을 한다. 숲속에서는 목청 높여 노래하고 깃털을 예쁘게 장식한다. 욕실에서는 립스틱을 바르고 머리를 손질한다. 이것은 아직 서막에 불과하다. 이게 다 무슨 광대

짓이더냐.

브래지어 단추를 풀고, 무거운 몸을 찰과상 입지 않게 같이 동시에 움직이고…. 그래서 생기는 결과물들은 둥지 틀기, 임신, 출산 등이다. 생각을 해보라. 섹스에는 위험이 도사리고 있다. 여러 명을 옮겨 다니다보면 전염병에 옮을 수도 있고 쉽사리 맹수의 공격 대상이 되기도 한다. 한마디로 이 무슨 번거로운 짓거리이며, 이 무슨 에너지 낭비이자 시간 낭비인가? 간단히 해결할 수 있는 일을 우리는 왜 이렇게 어렵게 가는가? 자기 복제하는 클론 동물류는 이런 짓거리를 하지 않는다.

그런데도 고등 생명체의 대부분은 - 모기에서 유인원까지 - 섹스를 통해 번식한다. (박테리아를 제외한) 살아 있는 유기체의 99.9퍼센트는 이런 번거로운 자손 번식 방법을 택하고 있다.

심지어는 생활환경 상 파트너를 찾기 아주 어려운, 예를 들면 바다 바닥에 붙어사는 일부 바다 식물이나 산호는 서로 만나기도 어렵고, 심해어는 앞이 보이지 않아 해저 전등이라도 들고 다니지 않으면 잠재적 파트너를 만날 수 없는데도 어떻게든 우여곡절을 거쳐서 몸을 섞어내곤 한다. 그래서 생물학자들은 섹스를 통한 번식을 고집하는 중요한 이유가 있을 것이라는 결론에 도달하게 된다.

왜 그렇게 많은 지구상 동물들이 섹스를 통한 번식을 하는지는 아무도 정확히 모른다. 하지만 이에 관한 몇 가지 이론은 있다. 클론이나 무성 번식도 단점이 있기 때문이다. 클론 유기체들은 성 번식 생물체보다 예민하다. 주변 환경이 갑자기 바뀌면 – 예를 들면 온도가 갑자기 내려가면 – 무성 종류들은 이에 적응하지 못하고 순식간에 전멸한다. 모든 동물이 다 같이 똑같은 약점을 갖고 있기 때문이다.

또 다른 문제는 축적된 돌연변이다. 동일한 유전자를 연속해서 카피할 경우 – 클론이 바로 그 경우인데 – 어떤 결점(상처)이 생겼을 경우 그것이 그대로 유전되기 때문이다. 그리고 이 작은 결점 또는 돌연변이들이 세대를 거치면서 점점 쌓이게 된다.

예를 들어 우리가 잡지에서 하나의 기사를 복사해서 복

사한 것을 다시 복사하는 과정을 계속 반복한다고 하자. 그러면 시간이 가면 갈수록 복사지는 점점 얼룩이 생기고 검어져서 나중에는 읽을 수 없게 된다. 클론에게도 바로 그런 현상이 나타난다. 우연히 DNA에 작은 흠이나 상처가 생길 경우 이것이 대를 이어 유전이 되어 유기체는 점점 더 약해진다.

반면, 섹스에 의한 번식은 항상 부모와 다른 새롭고 독특한 생명을 만들어낸다. 각 난자와 정자는 서로 다른 유전자를 지닌 채 다른 성세포와 합쳐져 새롭고도 유전적으로 완벽한 유일무이한 유기체로 태어난다. 이렇게 생겨난 개체들 중에는 새로운 환경에 더 잘 적응하는 부류가 있다. 물론 이들 중에는 갑작스런 기후 변화(추위)에 적응하지 못하고 죽거나 번식하지 못하는 부류도 있겠지만 다른 개체들은 추위를 오히려 쾌적하게 느끼며 그들의 유전자를 대물림해내고 있는 부류도 있다. 계속해서 유전자를 개선해 나가는 종(種)이 생존 확률이 더 높다.

섹스에 의해 번식하는 동물류는 유전자를 계속 융합하기

때문에 축적된 돌연변이로부터 벗어날 수 있었다. 일부 후손들은 부모보다 병약하게 태어나기도 하지만 또 다른 자식들은 부모보다 더 건강하고 힘이 세며 아름다운 외모를 가지고 태어난다. 바로 이 히트 상품들이 번식할 때 더 많은 기회를 갖게 된다.

유성 번식의 유용성을 잘 설명한 이론으로 '붉은 여왕 가설(Red Queen hypothesis)'이 있다. 붉은 여왕은 루이스 캐럴(Lewis Carrol)의 동화 《거울 나라의 앨리스(Through the Looking-Glass)》에 나오는 인물이다. 그녀의 나라에서는 제자리에 서 있으려면 계속 빨리 달려야만 한다. 여왕과 앨리스가 아무리 정신없이 달려도 제자리에 있는 것이다. 서 있는 자는 뒤쳐진다는 메시지가 담긴 이야기이다.

진화생물학자인 윌리엄 해밀턴(William D. Hamilton)은 이은유를 통해 지구상에 생존하고자 하는 존재는 앞으로 나아가야 한다는 명제를 내린다. 우리는 바이러스, 기생충, 박테리아 등으로부터 전멸하지 않기 위해 전속력으로 달려야 한다. 그 말은 즉, 병균이 우리들이 설치한 새로운 방어벽을 때려 부수는 새로운 공격법을 발견하면 우리는 그들을 다시 방어할 수 있는 대책을 마련해야 한다는 것이다.

이 군비 경쟁에서 가만히 서 있는 자는 뒤처질 것이다. 언제나 적응하는 자, 즉 엄청나게 빠르게 달리는 자만이 지구 상에 뿌리를 내릴 수 있다. 결국 천천히, 유유히 걷는 자는 도태될 것이다.

기생충과 다른 기생동물들은 무성 번식하는 생물체를 간단히 해치울 수 있다. 한 개체의 면역 체계만 제압하면 나머지는 저절로 없앨 수 있다. 여기서도 다시 똑같은 논리가 유효하다. 유성 번식하는 동물은 번식 행위가 이루어질 때마다 DNA가 새로 만들어짐으로써 다시 새로운 면역 체계가 생긴다. 섹스에 의한 번식을 하는 동물류는 무성 번식 동물류보다 군비 경쟁에서 우위를 차지하게 된다.

해밀턴은 진화 과정에 있어서의 병원균과 감염자 사이의 경쟁을 컴퓨터로 시뮬레이션해 보았다. 이 조사에서 그는 섹스가 아주 훌륭한 방어 매커니즘이라는 결론을 내리게 되었다. 유성 번식하는 생물체는 바이러스보다 한 발 앞서 있는 반면, 클론 생물체는 항상 불리한 처지에 있었다. 사냥터에서 이루어진 관찰에 의하면 무성 번식하는 와충류(渦蟲類)에는 유성 번식하는 와충류보다 20배가 넘는 많은 기생충이 발견됐다. 해밀턴의 이론에 따르면 섹스는 공격으로부터 자신을 방어할 수 있는 생명 공학을 서로 교환하는 한 가지 방법인 것이다.

그런데 독신 선언이 궁극적으로는 막다른 길인데도 이 방법으로 번식하는 동물류가 아직도 존재하는 이유는 무엇일까? 유성 번식이 제공하는 보호막이 모든 동물에게 똑같이 중요한 것은 아니기 때문이다. 예를 들면 박테리아는 워낙 빨리 그리고 자주 번식하기 때문에 앞서 갈 수 있다. 또한 그들의 DNA에는 정보가 적게 들어 있기 때문에 오류도 적게 들어 있다. 따라서 그들은 섹스 없이 잘 생존하며 가끔 DNA에 생기는 작은 오류들은 스스로 수리해 가면서 살아간다.

몇몇 동물들은 양쪽 세계를 오락가락하며 살기도 한다. 유성 번식과 클론 중에서 선택을 하는 것이다. 물달팽이가 그 예이다. 물달팽이는 환경이 좋을 때는 클론이 되고 환경이 나빠지면 서로 뭉친다. 멕시코의 한 잉어류도 바다가 기생충으로 오염되면 유성 번식하다가 위험이 사라지면 다시 클론으로 돌아간다.

무성 번식하는 동물들, 예를 들면 짚신벌레는 번식 속도(양적으로)로 말하자면 타의 추종을 불허할 만큼 빠르다. 하지만 유성 번식하는 동물들, 예를 들면 까치, 배추흰나방이나 사람은 면역력이 훨씬 높아서 질적으로 우수한 후손을 얻게 된다. 미국의 생물학자인 조지 윌리엄스(George C. Williams)는 이것을 로또에 비유했다. 클론 동물류는 엄청 많은 로또를 가지고 있는데 전부 같은 숫자이고, 유성 번식 동물은 로또 수는 그보다 적은데 숫자가 서로 달라서 당첨율이 더 높은 것과 같다.

그렇다면 이 이야기의 교훈은 무엇인가? 우리는 일종의 의료보험이 필요하기 때문에 섹스를 하는 것이다. 다행히도 우리는 이 과정에서 좋은 것도 얻는다. 쾌락, 향락, 그리고 정열을…. 그 외에도 칼로리를 소비하는가 하면, 신에게 더 가까이 가기도 한다. 불평할 게 없다. 이 정도 혜택이라면 기꺼이 시간과 에너지를 낭비하자.

3

생물학적으로
남자는 기생충이다

소파에 앉아 있고, 에고(ego)가 강하고, 너를 사랑한다는 말을 하지 않고, 세탁기도 돌릴 줄 모르는 사람은 누구일까요? 맞춰 보시오. 현대를 살고 있는 직장 여성이라면 이런 질문을 한번쯤은 한 적이 있을 것이다. 도대체 남편은 왜 필요하지, 라고. 놀랍게도 이들은 학자들과 동지가 된다. 생물학자들도 바로 그 질문을 하고 있기 때문이다. 남자는 어디에 유용한가, 라고. 조금 이상한 질문이 아닌가.

그리고 더 중요한 것은 남자 없이 우리는 2세를 얻을 수도 없고, 그러면 인류는 멸망하는 것 아닌가. 그 말은 절반만 맞다. 이 문제를 자세히 들여다보면 남자가 그렇게 중요한 것은 아니라는 결론에 도달하게 된다. 남자만이 식구를 먹여 살리는 것도 아니고, 수컷 없이 살고 번식하는 동물류도 존재하는 것은 사실이다.

그래도 남자는 꼭 있어야 한다는 대부분의 사람들을 나는 이해한다. 그 이유는 자연이 현실 그대로 표현되지 못해서이다. 제리 사인펠트(Jerry Seinfield) 주연인 2007년 애니메이션 〈꿀벌 대소동(Bee Movie)〉에서 젊은 수벌인 베리는 대학을 갓 졸업하고 꿀 공장(Honex)에서 커리어를 쌓으려고 갖은 애를 쓴다. 그의 친구인 애덤은 그와 다르게 주어진 지금 일에 만족하고 있다. 수벌들의 일이란 2,700만 년 전부터 항상 같은 일이 아닌가. 그렇다면 베리는 왜 그렇게 하지 않는가?

물론 실제로 벌들은 운동화도 신지 않지만, 꿀 공장에서는 왜 수컷들만 일을 하는가? 실제 수벌들은 전체의 2퍼센트밖에 되지 않고 벌집일이나 꽃가루나 꿀 수확 작업에는 전혀 참여하지 않는다. 그들은 오히려 암컷들로부터 사육된다. 암벌들은 여름 내내 일하러 다니기 때문에 날개가 다 닳아 없어질 정도여서 수명도 6주밖에 되지 못하지만, 겨울에는 많이 날지 않기 때문에 6개월까지 살기도 한다.

　수벌들도 일찍 죽는다. 일을 많이 해서 죽는 게 아니다. 수벌이 사회에서 하는 일은 아무것도 없다. 여왕벌을 수정하는 일 외에는. 그 목적을 달성한 직후 수벌은 죽는다. 수벌의 페니스는 여왕벌의 질 속에서 부러지기 때문에 수벌은 떨어져 죽는다. 꿀이 줄어드는 가을이 되면 암벌들은 남아 있는 수벌 식객들을 가차 없이 추운 바깥으로 쫓아내거나 찔러 죽인다. 물론 이러한 생태계의 잔혹함을 디즈니 만화에서 보여주지는 않을 것이다.

　수컷을 아예 멸종시킨 동물류도 있다. 질형목(蛭形目)이라는 아주 작은 무척추 윤충류(輪蟲類)로서 주로 추녀 물받이나 새집에서 발견되는 이 동물은 8,000만 년 전부터 수컷이 없다. 이 평화로운 모녀 공동체는 독신 선언을 한 후 클론으로 성공적으로 번식하여 전 세계에 널리 퍼져 있다. 이들의 수컷은 아직까지 발견되지 않았다. 이들이 이렇게 성공하는 것은 놀랄 일이 아니다.

암컷만 존재하는 동물류는 두 가지 장점을 가지고 있다. 그들은 섹스에 에너지를 낭비하지 않기 때문에 더 중요한 일에 집중할 수 있다. 예를 들면 먹이 구하기와 같은. 또한 여자만 있는 집단에서는 각 개체의 절반이 아니라 모두가 자식을 갖기 때문에 인구가 급격히 증가하는 장점이 있다.

그럼에도 불구하고 이 질형목이 수컷 없이 살아남았다는 것은 생물학적 수수께끼이다. 영국의 진화생물학자인 존 메이너드 스미스(John Maynard Smith)는 이 질형목을 '진화적 수치'라고 불렀다. 왜냐하면 섹스 없이 수백만 년을 살다보면 유전자 안에 아주 많은 돌연변이가 일어났을 것이고 바이러스로부터 면역을 제압당해서 이미 오래 전에 멸종했어야 하는데 그렇지 않았기 때문이다. 오히려 정반대로 그들은 잘 지내고 있다. 종류도 300개 이상으로 퍼지면서 만물의 모태인 자연에게 '용용 죽겠지'라고 하고 있다.

원래 무성 동물류도 환경 조건이 악화되면 수컷을 낳는다. 예를 들면 진딧물이 그렇다. 그런데도 위의 질형목은 그럴 때도 버틴다. 그들은 바짝 말라서 일종의 겨울잠으로 들어간다. 그래서 바람에 날려 이리저리 이동하며 기생충이 없는 웅덩이 바닥에서 좋은 시절이 오기를 기다린다. 환경이 좋아지면 다시 깨어나서 죽은 동료의 DNA를 뺏어오는 '시체 강탈' 박테리아처럼 주위의 DNA를 삽입한다. 윤충류는 심지어 자신의 유전자 기록을 소화되지 않은 상태로 채워둔다. 그리하여 수컷은 완전히 불필요한 존재가 되었다.

그러면 반대의 경우는? 남자도 여자 없이 살 수 있을까? 아니다. 흥미롭게도 그것은 가능하지 않다. 수컷만 존재하는 동물류는 없다. 그래서 수컷 없이 사는 존재들이 있기 때문에 지구 존재의 대다수는 여자이다. 남자는 많은 동물 중에서 불필요한 존재가 되었다는 사실이 명백해 보인다. 여자는 그렇지 않다. 남자는 여자를 더 필요로 한다. 왜 그럴까? 그것을 이해하기 위해서 우리는 우선 남자와 여자의 차이점이 무엇인지를 알아야 한다.

누군가를 남자나 여자로 만드는 것이 수염이 났는지, 치마를 입었는지 또는 페니스가 있는지를 가지고 결정하는 것은 아니다. 가장 중요한 차이점은 성세포이다. 정자를 만들어내면 남자고, 난자를 만들어내면 여자이다. 정자와 난자는 서로를 완벽하게 보완한다. 정자는 작고 능동적이며 난자는 크고 수동적이다. 성숙한 난자는 정자보다 8만 5,000배 정도 크지만 정자는 그에 반해 엄청나게 양이 많다. 난자가 성숙되는 4주 동안 남자는 수억 개의 정자를 생산할 수 있다.

한 남자가 일생동안 생산하는 정액은 평균 36리터로(144개의 맥주잔의 양), 그 안에는 2,000조 개의 정자가 헤엄치고 있다. 한 여자가 난소에서 배출하는 400개의 난자를 합해 봐야 M&M 초콜릿(땅콩을 빼고) 한 봉지도 되지 못한다. 이런 큰 차이는 어디서 오는 걸까? 옛날 단세포 세계에서는 수컷과 암컷도 없었고, 정자와 난자도 없었고, 페니스와 자궁도 없고, 수염과 젖가슴도 없고, 낮고 높은 목소리도 없었다. 모두 다 똑같았다. 즉, 성 구분이 없었다. 모든 유기체는 중성이며 불임이었다. 그때는 성교가 무성이었다.

섹스 번식 최초의 형태를 생물학에서는 'isogamie(동형배우자접합)'라고 칭한다. 이는 성 구분이 없는 섹스를 말한다. 'gamie'는 그리스어 'gamia(결혼하다)'에서 나왔고, 'iso'는 '동시에'라는 뜻이다. 'isogamie'에서는 두 개의 똑같이 생긴 세포들이 서로 융합한다. 아직도 이런 식으로 번식하는 유기체들이 있다. 사상균, 해초, 버섯이 그렇다. 이들의 성세포는 유전적으로 다른데 모양은 똑같다. 이들 둘이 서로 융합하는 것을 생물학자들은 플러스와 마이너스라고 표현하지만 암수라고 하지는 않는다.

그러면 서로 다른 성은 어떻게 생겨났는가? 많은 수의 작고 움직이는 정자와 적은 수의 크고 영양이 풍부한 난자를 의미한다. 일부 생물학자들은 이것이 두 개의 대립하는 힘의 결과라는 학설을 제시한다. 한쪽에서는 가능한 많은 성

세포를 생산해서 많은 후손을 퍼뜨리려고 한다. 동시에 이 시도는 자연적인 한계에 도달하게 된다. 왜냐하면 세포 생산은 엄청난 에너지 소비를 불러오기 때문이다. 그래서 세포의 양이 많아지면 많아질수록 크기는 점점 더 작아질 수밖에 없다. 다른 한편으로 성세포는 질이 좋을수록 건강한 후손을 얻을 확률이 높아진다. 즉 성세포는 많은 영양소를 지니고 있어야 한다.

자연은 한편으로는 양을, 다른 한편으로는 질을 원한다. 이는 모순이다. 그래서 몇몇 학자들은 바로 그 때문에 분업이 생겨났다고 한다. 한쪽 세포에서는 대량 생산을 하고, 다른 쪽에서는 제품 향상에 힘쓴다. 이것이 바로 정자와 난자의 차이점인 것이다. 두 개의 서로 다른 세포가─크고, 움직임이 적고, 영양 상태가 좋은 난자와 작고, 빠른 정자가─서로 융합하면 'anisogamie(이형배우자접합)' 즉 '상이한 결혼'이 되는 것이다. 바로 이 현상이 식물과 동물에서 두 개의 성을 가지는 이유이며, 이는 인간에게도 적용되는 것이다.

작고 큰 두 개의 세포로 갈려서 남녀 구별이 시작된 것은 약 10억 년 전으로 거슬러 올라간다. 후기 진화 과정에서 '성들의 전쟁'이라고 불리기도 하는 남녀의 모든 차이점들은 그때부터 생기기 시작했다고 본다. 남녀 차별화의 결과는 작고 수가 많은 남성 세포들은 무조건 수가 적은 영양이 풍부한 여성 세포와의 융합을 시도하는 것이다. 왜냐하면 그것이 그들의 유전자를 남기는 유일한 방법이기 때문이다.

남자의 성세포는 스스로 완전한 생명체로 태어나기에는 너무 작다(정자는 꼬리 달린 단세포에 불과하다). 이 때문에 그는 그녀를 필요로 한다. 그녀는 성세포의 높은 품질 면에서 보면 이 부당이득자보다 형편이 훨씬 낫다. 남자는 여자가 없으면 안 되지만, 여자는 남자가 없어도 된다.

남자를 일종의 기생충으로 보는 생물학자들도 있다. 남자를 분석하자면 여자의 품질로부터 이득을 보려는 정자를 중심으로 둘러싸인 몸체라고 볼 수 있다. 그것을 알고 나면 왜 몇몇의 암컷 동물이 수컷 없이 사는 길을 선택하는지 이해가 간다. 이들은 머리를 써서 남자를 이용해 먹는다. 40여 종의 수컷 동물들은 섹스 전후 그리고 섹스 도중에 잡아먹

힌다. 예를 들면 사마귀나 거미 종류가 그렇다.

또 다른 암컷들은 남자친구를 벌레 모양의 충양돌기(蟲樣突起)나 수정 가능한 장신구로 몸에 붙이고 다니기도 한다. 그래서 심해아귀 암컷은 자신의 10분의 1 크기의 수컷을 배에 붙이고 다닌다. 수컷은 주인의 몸에 고환의 형태로 붙어서 산다. 암컷은 원할 때마다 새끼를 낳을 수 있고 수컷은 죽을 때까지 붙어 있다. 그녀가 죽으면 이 작은 애인은 같이 무덤으로 간다. 그녀가 없으면 그는 아무것도 아닌 것이다.

인류의 암컷도 원칙적으로 그렇게 할 수 있다. 남자를 번식 기능에서 제한시켜 ― 머리 좋고 잘생긴 종류를 골라 정자 공급자로 사용하는 것이다. 앞으로는 남자 없이도 가능할 것 같다 ― 복제 기술이 발달하면 난자는 복제된 자기 세포의 도움으로 수정할 수 있게 될 것이다. 그러면 청소기를 돌리는 문제는 해결되지만 그럼 누가 나한테 사랑한다고 말해줄까. 이것이 가장 큰 문제이다.

4

다윈도 몰랐던
사랑의 가치

찰스 다윈(Charles Darwin)은 1860년 미국 식물학자 아사 그레이(Asa Gray)에게 보낸 편지에서 다음과 같이 썼다. '나는 공작새의 깃털을 볼 때마다 속이 불편해져'라고. 일부 동물들이 아름답고 화려한 장식을 하는 것은 그의 자연선택 이론에 부합하지 않기 때문이다. 그의 이론에 따르면 모든 유기체들의 특성은 식량 구하기나 적의 공격에 대한 방어에 맞게, 즉 생존을 목적으로 하는 것이어야 한다. 화려한 색깔과 장식은 그의 이론으로 설명되지 않고 (처음 볼 때는) 생존 경쟁의 기능을 하지 않는 것처럼 보인다.

이러한 아름다운 장식물은 심지어 동물들에게 위험을 안겨주기도 한다. 눈에 잘 띄는 색깔은 맹수의 표적이 되기 쉽고, 땅을 끄는 긴 꼬리 깃털은 도망갈 때 방해가 되며, 크고 멋진 뿔을 달고 다니는 데는 많은 에너지가 소비되기 때문이다. 그렇다면 이러한 동물들은 무엇 때문에 이런 노력을 아끼지 않는 것인가?

위의 관찰을 토대로 다윈은 성적선택 이론을 펼쳐냈다. 이 이론에 따르면 자연의 아름다운 다양성을 이끄는 원동력은 생존 의지보다는 번식 욕망에서 나온다. 다윈은 광대파리에서 텅가라개구리까지 대부분 동물류의 암컷은 섹스하는 데 있어서 망설이고 까다롭다는 것을 발견했다. 수컷들은 선택되기 위해 있는 힘을 다해 구애를 하고 서로 결투를 한다.

다윈에 의하면 성적인 경쟁은 모든 종류의 무기를 개발하여 – 예리한 이빨, 힘센 근육, 길고 뾰족한 뿔로 – 서로 싸우기만 하는 것이 아니라, 외모에서도 경쟁을 한다. 암컷들은 색깔이 예쁘지 않거나 비쩍 마른 수컷은 거들떠보지도 않았다. 그래서 수컷들이 몸에 장식을 달기 시작했다. 멋있는 갈기 수염, 우아한 뿔, 화려한 깃털 등으로. 그에 비하면 암컷들은 대부분 어두운 색이거나 심지어 창백한 모습이다.

암컷이 가장 아름답고, 눈에 띄는 유형을 선택하게 되니까 수컷들의 경쟁은 끊임없이 이어진다. 다윈은 이 현상을 'sexual selection by female choice', 즉 여성에 의한 파트너 선발이라고 불렀다. 그의 생전에는 이 이론이 빛을 보지 못했다. 1970년대까지 생물학자들은 힘세고 공격적인 수컷이 약하고 수동적인 암컷을 마음대로 휘두를 수 있다고 생각했다. 하지만 그 후부터 다윈의 주장이 맞는 쪽으로 가고 있다. 지구상에서 주도권을 쥐고 있는 것은 여자이고, 남자는 꼭두각시처럼 춤추고 있다고.

70년대 미국의 진화생물학자인 로버트 트리버스(Robert Trivers)는 수컷들의 자기 혹사에 대한 이론을 발표했고 다른 생물학자들도 그의 성 선별 이론을 인정하고 있다. 그는 투자 이론을 주장했다. 모든 개체는 – 남자든, 여자든 – 최소의 투자를 해서 최고의 이익을, 즉 가장 건강하고 예쁜 후손을 얻으려고 한다는 것이다. 하지만 투자는 남녀에게 평등하게 주어지지 않는다.

이 근본적인 불평등은 정자와 난자가 수정되는 순간에 결정된다. 난자를 생산하는 데는 정자보다 많은 에너지가 필요하다. 그리고 암컷 포유류는 그 후에도 임신, 출산, 수유 등의 힘겨운 시간을 견뎌야 한다. 이러한 분업은 물론 매우 불평등하다.

트리버스에 의하면 암컷들은 그러한 투자 원칙상의 불이익을 상쇄하기 위해 까다롭게 고르는 무기를 택하게 된다. 그들은 수컷들에게 그들도 그만큼 투자를 할 것을 요구한다. 최고 품질의 유전자를 제공하든지 아니면 잘 먹여 살리든지. 암컷들은 비판적인 태도를 취하거나 시간을 끌거나 하는 방법으로 그들의 권력을 행사한다. "네가 나에게 줄 것이 많다는 것을 증명해 봐." 그래서 많은 동물들은 구애 기간이라는 단계를 거친다. 암컷은 이 기간 동안 섹스를 제공하지 않고 수컷은 자신이 배려 있고, 인색하지 않고, 아주 힘이 세고, 부유하고, 건강하다는 것을 증명하기 위한 노력을 아끼지 않는다.

"어때, 이 깃털이 아름답지 않니! 이것 봐, 내 차가 얼마나 멋지니!" 암컷은 몸 색깔, 근육, 몸매 등의 외모나 짝짓기 춤, 노래 솜씨 등의 행동을 관찰하여 수컷의 유전자가 훌륭한지를 가려낸다. 이 때문에 수컷은 암컷의 마음에 들기 위해 허풍을 떠는 투자를 하기도 한다.

암컷에 의한 파트너 선택은 진화 과정에서 가장 힘세고 매력적인 수컷의 유전자들만 살아남게 했다. 그래서 많은 동물의 수컷은 암컷보다 더 크고, 힘세고, 아름다운 색깔을 지니게 되었다. 그래도 결국에는 암컷에게 크게 이득이 돌아온 것은 없다. 수컷들은 수정이 이루어지는 순간 휘파람을 불며 또 다른 파트너를 찾아 떠난다.

교미를 위해 가장 많은 노동을 하는 동물은 둥지 새이다. 수컷은 튼튼한 집을 짓는 고도의 건축 기술로 숙녀의 환심을 사고자 한다. 그들은 둥지를 꽃, 조개, 깃털들로 아름답게 장식한다. 수컷들은 불꽃 튀기는 경쟁을 뚫고 자신이 뽑히기 위해 최선을 다한다. 둥지를 짓는 기술이 부족한 새는 짝짓기 기간 내내 한 번도 기회를 얻지 못하는 반면, 최고 기술자는 수십 마리의 암컷을 거느릴 수 있다.

기회가 되면 수컷은 남의 둥지를 부숴버리거나 장식물을 훔쳐오는 일도 한다. 게다가 그들은 우스꽝스러운 춤을 추곤 한다. 미친 듯이 둥지 사이를 뛰어다니고, 고개 숙여 절을 하고, 빙글빙글 돌거나 정신없이 땅을 파헤치기도 한다. 그런다고 해서 암컷에게 크게 이익이 돌아오는 것은 아니다. 기껏해야 좋은 건축가가 될 아들을 얻을 뿐이다. 수정이 이루어지면 암컷은 둥지로 돌아가서 홀로 새끼를 키운다.

가끔은 이런 남녀의 역할이 바뀔 때도 있다. 아빠가 새끼를 부화하고 양육하는 경우 – 자연에서는 그런 일이 가끔 있다 – 그러면 까다롭게 선택하는 쪽은 수컷이 된다. 그래서 수컷

해마는 수정된 알을 배주머니에 차고 다니면서 부화시킨다. 그리고 열대 물새들은 알을 부화시키는 수컷을 여럿 거느린다.

그런 암컷들은 예외적으로 수컷보다 크고, 색도 화려하고, 공격적이다. 암컷은 이때 영역을 지키는 임무를 띠고, 수컷이 알람을 울릴 때마다 잽싸게 달려가곤 한다. 암컷과 양육 수컷이 비판적인 태도를 취하는 것은 타당하다는 연구 결과가 있다. 아름다운 외모는 실제로 건강과 힘을 나타내는 지표가 된다. 그리고 그것은 새끼에게 도움이 된다. 꼬리 깃털의 눈이 유난히 많은 수컷 공작의 새끼가 가장 건강하고 힘이 셌다고 생물학자들은 전한다.

독일의 기생충 전문 생물학자 빌프리트 하스(Wilfried Haas)는 파트너가 유난히 미모를 강조하는 것은 자신이 해충에 감염되지 않았다는 것을 보여주는 것이라고 한다. 요즘 집에서 키우는 닭의 원조인 동남아시아 적색야계(red jungle fowl)는 장 기생충에 감염되면 닭 벼슬의 색이 바랜다. 한 연구인이 닭 벼슬의 색을 인위적으로 바래게 했더니 암탉들이 그를 외면했다.

오스트리아 학자들도 큰가시고기(three-spined stickleback)를 가지고 비슷한 실험을 했다. 큰가시고기 암컷들은 새빨간 배를 가진 수컷을 선호하는 것으로 알려져 있는데 수컷을 기생충에 감염시키자 배의 색깔이 옅어지면서 암컷에게 외면당했다.

생물학자들은 이것이 바로 노란색, 오렌지색, 빨간색을 만드는 색소인 카로틴의 유무를 알리는 지표가 된다고 한다. 면역 체계가 온전한 유기체의 카로틴만이 색소를 배출하기 때문이다. 그러므로 아름다움은 건강 지수의 척도가 될 수 있는 것이다. 그러면 비실용적이고 생존에 방해가 될 수 있는 장식물들은 어째서 생겨났는가? 자신의 긴 꼬리에 밟혀 넘어지는 수컷에게 추파를 던지는 암컷은 무엇인가? 진화생물학자들은 이 비실용적인 장식물을 일종의 예물이라고 본다. 정말로 강한 동물들은 공작의 꼬리처럼 빅 사이즈의 장식을 달고 있어도 맹수를 피해 도망갈 수 있는 에너지가 남아 있다는 과시이다.

아름다운 외모, 꼬리의 크기와 자태는 새의 상태를 알려주는 믿을 만한 지표인 것이다. 약한 공작새는 바로 눈에 띠어서 퇴출된다. 아주 건장한 새들만이 그러한 핸디캡을 감당할 수 있는 것이다. 이러한 귀찮은 것들을 달고 다니는 것은 번거로운 일이다. 그러나 모든 얼간이들이 다들 멋진 뿔을 달고 화려한 꼬리 장식을 가지고 있다면 그것은 별 효과를 보지 못할 것이다.

군비 경쟁은 일부 동물에 있어서 과도한 꾸밈으로 발전하게 된다. 공작새의 꼬리 깃털이 그 예이다. 움직이는 데는 불편하나 암컷에게 깊은 인상을 주는 요소인 것이다. 큰뿔사슴(Irish deer)의 암컷은 점점 더 큰 뿔을 선호하다가 결국은 종족 전체가 멸종하는 결과를 가져왔다.

이러한 유치한 과다 경쟁은 특히 일부다처의 동물류에서 찾아볼 수 있다. 이들의 번식 기간에 몇몇 수컷들은 많은 암컷을 거느리지만 그 외의 수컷들은 전혀 기회를 갖지 못한다. 예를 들면 고릴라가 그렇다. 등이 은백색인 수컷 고릴라만이 암컷의 환영을 받고 나머지는 무시당한다. 닭의 경우

도 마찬가지다. 단 한 마리의 수탉만이 암탉들에게 접근할
수 있다. 그 결과 가장 노력을 많이 하여 암컷에게 인정받은
수컷의 유전자만이 넘겨진다. 고릴라 알파(우두머리) 수컷은
엄청난 근육질의 체격으로, 수탉은 멋진 깃털과 빨간 벼슬
로 까다로운 암컷에게 뽑힌다.

　이런 군비 경쟁은 심지어 또 다른 추가적인 추진력을 얻
게 된다. 진화생물학자인 로널드 피셔(Ronald Fisher)는 1930
년 이런 현상을 '폭주적 선택(runaway selection)'이라 칭했다.
대부분의 암컷이 긴 깃털 꼬리에 열광하면(특히 눈에 띄게 예쁜
것은 어쩔 수 없으니까) 그런 수컷들과만 교미하게 되어 아들들
이 전부 꼬리가 길 뿐만 아니라 딸들도 엄마를 닮아서 같은
취향을 갖게 된다.

　그리하여 대를 거듭할수록 꼬리는 점점 길어진다. 암컷이
요구하는 기준은 점점 높아지고 이에 따라 수컷의 모습은
점점 그로테스크해진다. 피셔는 이 이론을 바탕으로 튀는
색의 열대어나 깃털이 화려한 새가 탄생하게 된 경위를 설
명한다.

일부 학자들은 지구의 다양성이 이러한 암컷의 취향에 기인한다고 본다. 작은 취향의 차이점이 – 누구는 빨간색을 좋아하고 누구는 코발트블루를 좋아하는 – 비교적 짧은 시간 안에 그 종의 인구 분포를 바꾸곤 한다. 극락조를 예를 들어 보자. 이 새의 암컷은 유난히 까다로운 것으로 유명하다. 잘생긴 것 가지고는 성이 차지 않는다. 이 수컷들은 짝짓기 춤을 춰야 통과된다. 그것도 직접 깨끗하게 꾸민 무대 위에서.

어떤 수컷은 날개를 최대한 넓게 펼쳐 마치 발이 달린 찻잔이 날아다니는 것처럼 보이거나 또 다른 새는 꼬리 깃털을 몸 길이의 세 배만큼 늘리기도 한다. 반면 다른 새는 브라질의 삼바 무희처럼 보이기도 한다. 암컷의 높은 요구 기준과 이에 부합하려는 수컷들의 라이벌 경쟁이 지구를 화려한 천국으로 만드는 것이다.

인간에 있어서도 생존에 관계없는 특징들이 생겨났다. 다윈에 의하면 남자의 수염은 여성의 기호에 의해 생겨난 것이라고 한다. 진화생물학자인 리처드 도킨스(Richard Dawkins)는 인간에게 페니스 뼈가 없는 것도 여성들의 기호에 따른 것이라고 추측한다. 페니스 뼈는 대부분의 영장류에게서 아직도 볼 수 있는데 이 뼈는 발기되지 않은 상태에서도 항상 서 있다. 큰가시고기가 수컷의 배의 색깔로 건강을 가늠하듯이 인간 여자들은 남자의 발기 능력에서 그의 정신적, 육체적 건강 상태를 판단하고자 하는 것이다.

인간의 경우는 수컷들도 자녀 양육에 투자하기 때문에 다른 동물류에 비해 외모와 태도에서 큰 차이를 보이지 않는다. 그리고 인간 여자도 남자의 마음에 들기 위해 화장을 한다. 다윈에 의하면 여자의 몸에 털이 적은 것도 남자들의 성적 선택의 결과라고 추측한다. 그럼에도 불구하고 파트너 선정에 있어서 유난히 엄격한 기준을 세우는 여자들이 많다.

미국의 심리학자이자 진화생물학자인 제프리 밀러(Geoffrey Miller)는 남자들이 그런 이유로 예술 분야에 두각을 나타내게 되었다고 설명한다. 언어적 창의력도 밀러에 의하면 여성을 감동시키는 수단에 불과하다. 그래서 인간은 소통에 필요한 것 이상의 어휘력을 보유하게 되었다. 최근 연구에 의하면 남자는 낭만적 분위기에서 더 섬세한 단어들을 사용하는 것으로 나타났다.

유머, 음악, 패션 – 이 모든 것들은 다른 성에게 매력적으로 보이기 때문에 결혼 시장에서 라이벌을 제치려는 시도라는 밀러의 주장이다. 조각, 회화, 오페라, 록 뮤직, 고급 요리, 금세공에 이어 미니스커트, 킬힐 구두까지 – 이 모든 인간의 발명품들은 다른 성에 어필하려는 목적 이외의 아무것도 아니다. 이런 식으로 그들은 사랑을 갈구한다. 그런 면에서 보자면 인간의 정신은 다른 성에 어필할 수 있는 방법을 끊임없이 개발하는 기계에 지나지 않는다.

5

덩치 큰 고릴라의
페니스는 왜 작을까

사람은 가끔 어떤 일에 놀랄 때가 있다. 나는 얼마 전에 그런 경험을 한 적이 있다. 어느 비오는 오후에 독일 동물학자의 기사를 읽다가 악어 다리 사이를 찍은 사진에 시선이 멈췄다. 악어의 페니스는 놀랍게도 인간의 그것과 비슷하게 생겼다. 파충류처럼 비늘이나 껍질에 덮여 있지 않고 살이 그대로 노출돼 있었다. 전투적인 먹이 사냥꾼에 어울리지 않는 부드럽고도 다치기 쉬운 물건이었다. 나는 조금 감동했다.

페니스는 가끔 놀라게 하기도 한다. 동물 세계의 암컷들은 조심할 필요가 있다. 농가에서 휴가를 보낼 때 3킬로그램 무게의 오리의 수컷을 보면 별로 위험하다는 생각이 들지 않는다. 하지만 발기를 하면 갑자기 시속 120킬로미터의 속도로, 40센티미터 길이의 코르크 마개같이 생긴 페니스가 용수철처럼 튀어 나온다. 예일대의 한 연구학자는 이 동물의 암컷의 질이 왜 유난히 복잡하고 깊게 숨겨져 있는지를 그때야 알았다고 한다.

페니스는 가끔 놀랄 만한 특성을 지니고 있다. 많은 오징어들은 '교미 팔'이라는 것을 가지고 있다. 팔이 열 개 달린 이 동물의 ─ 암컷이 작은 집 속에 살면서 바다 속을 떠다니고 있기 때문에 ─ 수컷은 교미 팔로 정액 꾸러미를 쥐고 암컷을 찾아 헤엄쳐 다니다가 이상형의 암컷을 발견하면 질 입구에 정액 꾸러미를 넣고 온다. 힘차고 우아하게 파도 위로 솟아오르는 큰 돌고래의 페니스는 후각 기능을 가지고 있다. 그래서 암컷 질의 냄새가 나는 곳을 찾아간다. 일본 산 호랑나비의 페니스도 감각 기능을 가지고 있다.

더 웃기는 경우도 있다. 연못이나 호수, 웅덩이에 서식하는 빈대의 수컷은 2밀리미터 크기로서 암컷을 유혹하기 위해 페니스로 노래를 부른다는 사실을 프랑스와 스코틀랜드 학자들이 밝혀냈다. 그런데 그냥 노래만 부르는 정도가 아니다.

이 빈대는 인간의 머리카락 굵기의 팔다리를 배 위에 대고 정신없이 비벼대는데 그 소리가 99.2데시벨 정도의 소음이다. 이 정도면 화물차가 옆으로 지나가는 소음에 해당한다. 다행히 물이 99퍼센트의 소리를 흡수하기 때문에 이 사랑의 세레나데가 물가에서 쉬는 휴가객들을 방해하지는 않는다. 생물학자에 의하면 그가 크기의 비례 면에서 볼 때 가장 시끄러운 동물이라고 한다.

그리고 오해의 소지가 있는 경우도 찾아볼 수 있다. 유명한 영장류 학자인 프란스 드 발(Frans de Waal)은 어떤 여성으로부터 편지를 받았는데 그녀가 원숭이와의 섹스 실험에 동참할 의향이 있다는 내용이었다. 이는 명백한 사실이다. 물론 학문의 발전을 위해서라는 명분을 달고서. 특히 많은 암컷을 거느리는 실버백(silverback) 고릴라를 언급했다. 아마도 떡 벌어진 어깨와 야성의 포효를 상상한 모양이다. 드 발은 고릴라의 페니스 크기가 3센티미터 미만에 불과한 것을 그녀가 몰라서 하는 말이라고 낄낄거리며 얘기했다.

가장 큰 페니스를 찾으려면 고릴라나 사자를 찾을 것이 아니라 따개비를 찾을 일이다. 가재류로 조개껍질 위에 하얀 집을 짓고 사는 이 동물은 페니스가 두 개인데 그 크기가 22센티미터에 달하며 이는 자신의 몸 길이의 30배나 된다. 그렇게 클 필요가 있을까라고 묻고 싶은가? 그렇다. 필요하다.

붙박이 생활을 하기 때문에 이동할 수 없는 이 따개비는 긴 성기가 큰 장점이 된다. 절대적인 크기로 따지자면 거대한 몸집의 푸른 고래가 가장 큰 페니스를 가지고 있다. 길이는 약 2.5미터나 된다. 그렇지만 페니스의 크기가 몸체의 크기와 비례하는 것은 아니다. 그렇다면 어떤 동물은 페니스가 길고 고환도 제대로 된 크기인데 반해, 다른 동물의 페니스는 작고 두 개의 돌기만 붙은 정도인 이유는 무엇일까? 거기에는 어떤 공식이 있는 것이 아니다. 침팬지의 몸무게는 고릴라의 4분의 1 정도인데 비해, 고환의 무게는 네 배나 된다. 몸무게와 성 기관의 비례를 보면 고릴라는 0.02퍼센트이고, 침팬지는 0.27퍼센트나 된다. 이 차이점은 어떻게 생겨났을까?

모든 수컷은 자신의 유전자를 후대에 남기려고 '성배(Holy Grail)' 즉 귀한 영양 덩어리인 난자에 도달하고자 한다. 난세포에 제일 먼저 도착하는 정자가 유전자 전달에 성공하기 때문에 수컷들 간의 경쟁은 치열하다. 전투적이지 않은 수컷은 홀대를 받고 그런 '평화를 사랑하는' 유전자는 가끔 전달될 뿐이다. 그 결과 세계는 서로 앞자리를 차지하려고 싸우는 남자들로 넘쳐난다.

이러한 라이벌 싸움의 대부분은 짝짓기 춤을 위한 무대나 술집에서 일어난다. 라이벌을 제치려는 남자들의 창의력은 상상을 초월한다. 그들은 경쟁적으로 뿔로 들이받거나, 식스팩을 자랑하거나, 고액 지폐를 흔들어댄다. 경쟁은 미생물 분야에서도 계속된다. 무기는 역시 페니스와 정자이다.

예를 들면 집파리는 아주 헌신적인 연인으로 알려져 있다. 그 수컷은 정자를 다 배출하는 데 15분이면 가능하지만 짝짓기 시간은 한 시간이 걸린다. 암컷에게 즐거움을 주기 위해서? 아니다. 다른 연적의 침입을 봉쇄하기 위해서이다. 왜냐하면 암컷과 교미하는 첫 수컷이 반드시 수정되는 것은 아니기 때문이다.

연구에 의하면 두 번째 또는 세 번째 수컷이 아이의 아빠가 되는 경우가 많다. 이 때문에 자신의 정자가 제대로 정착하기 위해서는 다른 수컷의 접근을 막아야 하는 것이다. 또 다른 라이벌로는 자기보다 앞섰던 수컷이 있다. 이제는 정액 간의 전쟁이다. 영국의 진화생물학자인 제프리 파커는 70년대에 암컷의 몸속에서 일어나는 정액의 경주를 '정액의 전쟁'이라고 칭하였다.

그에 대한 예는 수도 없이 많다. 광대파리의 수컷은 자신의 정액 속에 독을 품어서 앞서가는 다른 수컷의 정액을 독살시키고 그 와중에 암컷이 독 때문에 몸이 아프게 되어 다른 수컷을 받아들이지 못하게 만든다. 집 정원에서 자주 볼 수 있는 딱정벌레는 교미할 때 암컷의, 소위 정자 금고(많은 곤충들에게서 볼 수 있다)에 정액 꾸러미를 집어넣어 폭파시켜 미리 고여 있던 정액을 밖으로 배출시킨다.

몇몇 생물학자들의 추론에 의하면 페니스는 정액을 제자리에 분사하는 역할뿐만이 아니라 라이벌을 제치는 목적도 가진다. 몇몇 곤충의 페니스를 보면 마치 무기를 보는 듯하다. 길고 날씬한 몸매의 잠자리는 꼬리가 흡사 중세시대의 고문 기구처럼 생겼다. 갈고리, 삽, 집게 등 이 모든 것들이 교미 중에 다른 연적이 남기고 간 정액을 제거하는 기능을 한다. 인간 페니스의 귀두도 다른 정액을 밀어내는 기능을 할 수 있다. 정액 전쟁에 출정하기 위해서는 대규모 군대를 준비해야 한다. 그래야만 적을 제압하고 싸움에서 승리할 수 있다.

수컷은 정액 쓰나미를 무기로 연적의 정자를 쓸어내어 자신의 정자가 1등으로 골인하게 한다. 바로 그런 이유로 수컷은 다른 수컷의 냄새를 맡으면 자동반사적으로 정액을 대량 생산하기 시작한다. 또 다른 동물들은 그 대신 항상 여분의 정액을 보관하고 있다. 바로 이 지점에서 초라한 고릴라의 페니스 얘기가 나온다. 정액 전쟁에서 성공하려면 제대로 된 연장이 필요하다. 즉 다른 정액을 밀어내거나 문질러버릴 수 있는 당당한 페니스를 말한다. 그리고 정자를 생산할 수 있는 큼직한 고환이 필요하다.

그런데 고릴라는 그럴 필요를 느끼지 않는다. 왜 그럴까? 왜냐하면 넓은 등과 거대한 이두박근으로 이미 싸움에서 이겼기 때문이다. 그는 이미 많은 암컷을 거느리고 있으며 암컷들은 안정되고 지속적인 성생활을 누리면서 산다.

브라질 거미원숭이(spider monkey)는 정반대의 경우이다. 암컷들은 누구하고나 교미를 하는데 수컷들의 고환이 비정상적으로 커서 생물학자들은 이들의 어느 일정한 기관이 코끼리처럼 불어나는 상피병(象皮病)을 앓고 있다고 생각했다. 거미원숭이들은 내세울 만한 근육도 없고 다른 수컷과 싸우지도 않는다. 연구 참가자들은 수컷들이 동료의식을 발휘해서 차례대로 사이좋게 교미하는 것을 목격했다. 그들은 좋은 친구다. 싸움은 안에서 정자들끼리 하면 되니까.

여러 원숭이들의 페니스 크기를 비교한 결과, 암컷의 파트너 교체가 심한 경우에 가장 큰 것으로 나타났다. 일부종사하는 암컷을 가진 수컷의 성 기관은 비교적 작은 막대에 지나지 않았다. 페니스가 큰 것은 암컷을 오르가슴에 오르게 해서 수정의 확률을 높이기 위함이다. 이 때문에 페니스의 크기는 성 도덕의 척도가 되기도 한다.

암컷이 조신할수록 정액 경쟁이 필요 없게 되어서 페니스의 크기가 작아진다. 침팬지 암컷은 고릴라 암컷보다 파트너 교체가 잦은 편이다. 그들은 임신하기 전까지 여러 수컷을 만난다. 그래서 자녀의 절반은 아빠의 씨가 아니다. 이는 명확하게 옳은 주장이다. 침팬지는 유인원 중에서 가장 큰 고환을 가지고 있다.

그러면 우리 인간의 경우는 어떤가? 인간은 고릴라와 침팬지 사이에 있다. 페니스는 영장류 중에서 가장 길지만 고환은 평균 20그램으로 비교적 작은 편이다. 그것은 무엇을 의미하는가? 인간 여자는 침팬지 암컷처럼 바람기가 많지 않다. 그렇다면 일편단심? 물론 꼭 그런 것은 아니다.

6

수줍음이 많아도
기회는 있다

우두머리 수컷이나 수탉을 연구하던 중, 문득 이 책을 읽는 남자들을 떠올리게 되었다. 서열의 꼭대기에 서 있지도 않고, 여성을 유혹하는 데 탁월한 기술도 없으며, 식스 팩도 없고, 날렵한 턱 선을 가지지도 않은 평범한 남자들을. 키가 작고, 덧니가 나고, 실업자에, 황새 다리를 가진 남자들. 열렬히 애인을 찾거나, 아니면 애인은 있으나 강력한 라이벌이 등장한 경우의 남자를.

이 주제를 생물학적으로 접근하다보니 마치 가장 돈이 많고, 권력이 있고, 재미있고, 똑똑하고, 잘생긴 남자만이 여성에게 기회가 있다는 결론을 내릴 위험이 있다. 그것이 사실이라면 보통 남자들에게는 끔직한 일이 될 것이다. 수줍은 남자들은 이 피 튀기는 경쟁 속에서 여자를 얻을 기회가 전혀 없는 것일까?

이 사실을 알아내기 위해 한 스칸디나비아 동물학자가 40센티미터의 긴 꼬리로 유명한 아프리카 명금류(鳴禽類)의 꼬리를 잘라보았다. 그리고 이 꼬리를 다른 수컷의 꼬리에 붙였더니 갑자기 그 수컷의 인기가 상승했다. 수컷 제비에 같은 실험을 한 결과 가짜 꼬리를 길게 단 수컷들이 평소보다 열흘 일찍 파트너를 찾았고, 또 다른 제2의 파트너와 교미한 경우도 여덟 배가 많았으며, 이미 파트너가 있는 암컷과 접촉한 경우도 두 배로 늘어났다.

즉 사이즈의 문제였던 것이다. 적어도 수탉과 제비의 경우에는. 생물학자들은 제비 꼬리를 가지고 세 가지 실험을 해보았다. 첫 번째 그룹은 꼬리를 자르고, 두 번째는 긴 꼬리를 덧붙이고, 세 번째는 꼬리를 바짝 자른 후 다시 붙였다(암컷이 혹시 접착제 냄새에 유혹되는지 알아보기 위해서). 가장 짧은 꼬리를 가진 제비가 역시 가장 인기가 없었다. 그들의 둥지에서 태어난 새끼들의 60퍼센트가 다른 수컷의 자식들이었고, 긴 가짜 꼬리를 가진 수컷이 가장 적게 배신당했다.

암컷은 매정하다. 그들은 가장 크고, 가장 건장하고, 가장 똑똑한 수컷을 선택한다. 그리고 파트너가 갑자기 매력을 잃으면 곧바로 바람을 피운다. 그 중에서도 가장 불공평한 처사는 유부남이 처녀에게 가장 환영받는다는 점이다.

고라니의 경우, 이미 많은 암컷을 거느리고 있는 가장인데도 집밖에서 큰 인기를 누린다는 점이다. 불쌍한 총각들은 어떻게든 눈에 들려고 애써보지만 가차 없이 무시당하곤 한다. 암컷들은 계속 관계가 유지되지 않더라도 선망하는 우두머리 수컷과 한번 외도를 하고 싶어 한다. 암컷에게 끊임없이 구애하던 총각들은 이에 좌절하고 만다. 아, 정말 실망이다. 총각들이 안타깝다.

암컷이 수컷을 선별하는 기준은 '좋은 유전자'이다. 그래서 그들은 몸매, 근육, 아름다운 깃털의 색깔 등을 따진다. 그것이 건강과 조건을 나타내는 지표라고 생각하기 때문이다. 그런데 대부분은 암컷들의 뜻대로 되지 않는다. 화려한 겉모습이 쭉정이에 지나지 않는 경우가 태반이다. 멋있고 잘난 체하는 이들의 유전자적 가치는 실은 별로 높지 않은 것으로 밝혀졌다. 한 영국학자의 실험이 그 사실을 증명한다.

그는 모기 한 쌍을 임의대로 짝을 지어서 암컷들이 수컷을 선택할 수 없도록 한 그룹을 만들었다. 암컷들은 정상적인 상황에서는 상대도 하지 않았을 수컷들과 교미해야만 했다. 다른 그룹은 암컷들이 선망하는 수컷을 마음대로 고르도록 했다. 이후 매력 없는 아빠를 둔 새끼들과 섹시한 아빠를 둔 새끼들을 조사한 결과, 유전적으로 건강이나 생존 능력 면에서 차이가 나지 않았다.

암컷을 감동시키려는 노력을 아끼지 않는 수컷들은 그 대가를 치르게 된다. 주금류(走禽類)인 느시(bustard)의 예를 들면, 이 새는 짝짓기 춤에 아주 정성을 들이는 타입이다. 프랑스 디종대의 브라이언 프레스톤(Brian Preston) 교수는 수컷을 일종의 모조품인 고무인형 암컷과 교미하게 했다. 그때 작은 용기를 부착해서 그들의 정액을 받아냈다. 이런 방식의 실험을 거듭한 결과, 짝짓기 춤을 열정적으로 춘 수컷일수록 노화 현상이 빨리 온다는 사실을 알아냈다. 그들의 정자 생산량이 보통 수컷보다 현저히 빨리 감소한다는 것이다. 이런 사실도 암컷이 고려해야 할 점이다.

그 외에도 우리가 알아야 할 점이 또 있다. 잘생긴 수컷들은 못생긴 수컷보다 부부관계나 가족에 관심을 덜 가진다. 암컷 제비는 꼬리가 길고 잘 빠진 수컷을 좋아하지만 외모에 있어 자연의 혜택을 덜 받은 수컷에 비하면 아빠로서의 점수는 낮은 편이다. 그 이유는 이렇다. 미남 남편을 둔 암컷은 자녀 양육에 유난히 헌신하는 것처럼 보인다.

다양한 새 종류를 관찰한 바에 의하면 덜 잘생긴 수컷을 가진 암컷보다 잘생긴 수컷의 암컷이 알도 더 많이 낳고, 더 크고 무거웠다. 그리고 새끼를 키우는 데도 더 정성을 보였다. 암컷은 그들이 커서 성공 가도를 달릴 수 있게끔 힘껏 후원한다. 부인이 열심히 가정을 돌보면 미남 남편은 당연히 집안일에 소홀해지기 마련이다. 그들은 일도 안 하고 게을러진다. 그리고 심심해지면 새로운 살림을 차릴 생각을 한다.

사람에게도 같은 현상이 일어난다. 미국의 심리학자 제임스 맥널티(James McNulty)와 그의 동료들은 여자 파트너보다 더 잘생긴 남편들은 그 반대의 경우보다 가정에 관심을 덜 보이는 것으로 나타났다. 파트너가 새 직장에서의 문제점, 유기농 식사, 걷기 운동 등에 관심을 나타내면 덜 잘생긴 남편들이 훨씬 더 동참하는 비율이 높았다.

유럽 해안에서 자주 볼 수 있는 망둑어는 우두머리 수컷(알파 수컷)이 최상은 아니라는 사실을 아는 것 같았다. 그 암컷들은 좋은 조건의 수컷을 퇴짜 놓고 자상한 남편감을 고르는 경우가 많았다. 그럼에도 불구하고 많은 암컷들은 별로 이득이 되지 않을 환상의 수컷을 찾는다.

그들은 섹시한 수컷을 원한다. 왜냐하면 그들이 섹시하기 때문에, 라고 많은 진화생물학자들은 말한다. 영국의 진화생물학자 로널드 피셔는 1930년대에 암컷들은 다른 암컷들이 관심을 가지는 수컷을 선택한다고 주장했다. 애정 선호도가 남들의 의견을 따르는 경향을 보인다는 것이다. 송사리 암컷의 경우, 자기가 싫다고 거절한 수컷에 다른 암컷이 관심을 보이면 얼간이 같던 애가 갑자기 멋져 보여서 다시 그에게로 돌아간다는 것이다.

여러분 중에도 그런 경우를 본 적이 있을 것이다. 자기가 싫다고 떠난 여자가 남자에게 새 여자가 생기자 갑자기 다시 돌아온 경우를. 모든 것이 다 싫었는데 그를 좋다고 하는 여자가 나타나자 어딘가 좋은 점이 있어서겠지, 라는 생각이 드는 것이다.

피셔는 이 이론을 '섹시한 아들 가설(sexy-son hypothesis)'이라고 말한다. 진화학자는 다음과 같은 심리가 들어 있는 것으로 보았던 것이다. 즉, 암컷에게 인기가 있는 수컷과 수정해서 아들을 얻으면 그 아들도 '섹시한 아들'이 될 가능성이 높다는 심리이다. 이 가설은 연구 결과에서도 어느 정도 타당성을 보였다. 모기의 경우 못생긴 수컷의 아들들은 힘이 세고 건강했다. 하지만 암컷들에게 인기는 없었다.

암컷에게 인기 있는 아빠를 둔 아들들은 역시 차세대 암컷에게 인기가 많았다. 한 반에 있는 여자애들이 모두 한 남학생을 좋아하는 것은 무의식 중에 2세를 상상하게 되는 것인지도 모른다. 저 멀리서 미래의 며느리 감 후보들이 달려오는 소리가 들리는가.

그런데 바로 여기서 남성들에게 좋은 소식이 하나 있다. 여자들이 주로 섹시하고, 키가 크고, 똑똑하고, 돈이 많고, 체격이 좋은 남자들을 선택하지만 외모적으로나 신체적인 결함을 가진 2등급 남자들에게도 자신의 결점을 상쇄할 수 있는 기회가 있다는 것이다. 비비원숭이의 새끼들은 주로 알파 수컷의 핏줄이지만 생각보다 많은 수의 새끼들이 의외로 다른 수컷들의 핏줄인 것으로 나타났다.

수줍은 수컷은 암컷에게 좋은 친구가 되어주곤 한다. 맛있는 간식을 가져다주고, 새끼를 키우는 데 도와주고, 이를 잡아주고, 쓰다듬어주는 사이에 파트너의 자리에 가까워지는 것이다. 네덜란드 행동심리학자인 요르크 마슨(Jorg Massen)은 마카카원숭이를 연구한 결과, 수컷들이 발정기에 암컷들과의 우정에 심혈을 기울인다는 점을 발견했다.

서열이 아주 낮은 수컷들은 다른 작전을 편다. 그들은 총각들끼리 서로 뭉친다. 남자들이 힘을 합쳐 알파 수컷의 집중력을 흩트리고 그 틈을 이용해서 암컷을 유혹하는 작전을 써서 성공하는 경우가 있기 때문이다. 강하지 않은 자는 머리를 써야 한다. 그것은 동물의 세계에서도 마찬가지이다. 어떤 때는 치밀함도 최고의 전략일 수 있다.

황소개구리를 예를 들면, 잘생긴 황소개구리들은 암컷을 유혹하기 위해 목청을 높여 노래하고, 숙녀들은 목소리를 유심히 듣는다. 왜냐하면 소리가 클수록 큰 영역을 가지고 있기 때문이다. 자신의 영역이 없는 다른 개구리 총각들은 암컷에게 외면당한다. 그런데 이럴 때가 도리어 좋은 기회가 된다. 그들은 노래도 하지 않으면서 에너지를 아낀다. 암컷도 유혹하지도 않고, 연적과 싸우지도 않는다. 이들은 눈에 띄지 않게 인기남 근처의 길목에 숨는다. 암컷은 목소리를 따라 수컷을 찾아오는 길목에서 뜻하지 않게 다른 수컷을 만나고, 수컷은 이런저런 이야기를 걸다가 짝짓기를 '훔치는 데에' 성공한다.

생물학자들은 성공 가도를 달리는 수컷 동료 근처를 배회하는, 이런 약아빠진 수컷들을 '인공위성'이라고 부른다. 인공위성들은 자기에게도 해 뜰 날이 있을 것이라는 희망을 가지고 살아도 된다. 멋진 녀석 주위에서 오래 기다리다보면 언젠가는 영역을 물려받는 횡재를 만날 수도 있다.

아프리카 열대어 시클리트 무리에서 가끔 그러한 권력 이동 현상이 일어나는데 그때 아주 눈에 띄는 태도 변화를 관찰할 수 있다. 스타 수컷이 갑자기 잡아먹혔을 때 우연히 그 옆에 있던 동료가 그 영역을 차지하게 된다. 초고속 승진이 되는 셈이다. 이 신입 대지주는 갑자기 형태 변화를 하게 된다. 그는 몇 시간 안에 평화롭고, 섹시하지 않고, 무색이던 존재에서 레몬색 또는 녹황색을 띄는 알파 수컷으로 바뀌고, 고환도 거대해진다. 그리고 성격도 그로테스크해진다.

공손하고 조용했던 그가 갑자기 공격적이고 격정적으로 바뀌는 것이다.

이렇듯 자연은 가끔 한 동물류에서 여러 다양한 타입의 수컷을 만들어 그들이 서로 다른 인생 전략을 가지고 살아가게끔 한다. 도요새의 경우를 보자. 인공위성들은 영역 수컷과는 다른 색깔을 띠며 조용히 조력자의 삶을 이어간다. 이들은 두 수컷들의 짝짓기 춤 배틀 무대로 암컷을 유혹한다. 그러면 암컷은 최고도로 흥분하게 된다. 인공위성은 그때 슬슬 활동을 개시한다.

두 수컷이 배틀에 지쳐 있을 때 아주 다른 타입의 제3의 수컷이 갑자기 나타나는데 그는 마치 여자처럼 보이고 행동도 여자같이 한다. 이 '트랜스젠더 수컷'은 두 수컷이 본인들의 퍼포먼스에 몰두해 있는 틈을 타서 당당히 무대에 올라가 기회를 잡는 데 성공한다. 이런 전략을 생물학에서는 '의태(mimicry)'라고 한다. 이는 주로 경쟁이 심한 동물류에서 볼 수 있는 현상이다. 많은 수컷들은 이런 경우 힘겨루기 대신에 다른 전략을 투입하는 결심을 하게 된다.

호랑이도롱뇽(tiger salamander)은 두 암수의 교미 중에 여성 모양을 한 수컷이 끼어드는데 교미 중의 수컷은 그를 암컷으로 착각하고 그녀를 위해 자신의 정액을 바닥에 쏟는다. 이때 '트랜스젠더 수컷'은 잽싸게 자신의 정액을 그 위에 부어서 결국 자신의 정액이 수정되게 한다. 아주 약삭빠르다. 그러면 우리는 여기서 어떤 교훈을 얻을 수 있을까?

희망이 있다는 것이다. 상위 서열이 아닌 수컷들도 다정다감하고 머리를 잘 굴리면 사랑에 있어서 많은 진전을 볼 수 있다. 그들은 사랑스럽고, 자상하고, 지칠 줄 모르고 열심히 둥지를 지으면 남녀 교제에서 미래를 내다볼 수 있다. 인간 여자들도 조건이 조금 밀리는 남자와 교제할 충분한 가치가 있다는 것을 이미 깨달았다.

영국에서의 연구에 의하면 여성은 샤프한 외모의 마초와 짧은 연애를 하긴 하지만 깊은 관계는 맺지 않는다고 한다. 그런 남자들은 믿음직스럽거나 결속력이 있는 사랑을 주지 않는다고 생각한다. 그 말이 맞는지 아닌지는 모르지만. 부드러운 인상의 남자들이 미래의 파트너로서 더 적합한 것으로 보인다는 것이다.

이 말은 여성들이 섹시한 남성을 외면한다는 것이 아니라 섹시하다는 것이 반드시 키가 크고, 잘생기고, 돈이 많은 것을 의미하는 것은 아니라는 점이다. 한 남성이 마음에 들 때는 언제인가하면, 다른 여성들이 그를 매력 있다고 여길 때이다. 이런 여성의 심리를 남자들은 역이용할 수 있어야 한다.

우선 여성들과 널리 우정을 쌓는 것이 필요하다. 예를 들어, 미국에서는 수줍은 남자들이 소개를 도와주는 여자(wing woman)와 동행해 여자들이 좋아하는 술집에 나타난다. 그러면 동반녀는 술집에 있는 다른 여자들에게 그가 얼마나 멋진 타입인지 자랑을 하며 자연스럽게 광고를 해준다. 그 남자는 더 이상 여성들의 뒤를 쫓아 다니며 지루한 작업 멘트를 날릴 필요가 없다.

7

인간은 천성적으로
일부일처제를 거부한다

사랑에 빠진 사람들은 이상한 짓을 한다. 손을 잡고, 하루 종일 붙어 다니기도 하고, 결국에는 커플이 된다. 일이 순조롭게 진행되면 같이 살고, 한 이불을 덮는다. 가끔 영원한 사랑을 맹세하기도 한다. 그리고 서로의 손가락에 금반지를 끼워주는 이벤트를 한다. 그때는 가족, 친구, 동료들이 모두 참석한다. 왜냐하면 우리는 한 몸이라는 사실을 모두에게 알려야 하기 때문이다.

그런데 일이 순탄하지 않을 때가 있다. 상대에게 다른 사람이 생기는 일이 드물지 않게 발생하기 때문이다. 이렇게 되면 사태가 심각해진다. 다른 사람과의 섹스는 합의된 것이 아니기 때문이다. 그리고 다른 사람을 사랑하게 되는 것도 마찬가지로 심각한 문제이다.

왜 그런 것일까? 다른 동물들은 이성교제 문제를 사람과는 아주 다르게 본다. 예를 들어, 청어는 서로 약속하는 게 없다. 전혀 아무것도. 그들은 서로 알지 못한 채로 성적인 충동에 의해 교미한다. 그저 아무런 조건 없이. 반면 뻐드렁니쥐(bles mole)는 거의 교미를 하지 않는다. 한 명의 여왕과 몇 명의 수컷뿐이다. 나머지는 그냥 쳐다보고, 집지키는 일만 한다.

하지만 인간과 가까운 친척뻘이 되는 동물들은 다양한 관습들을 가지고 있다. 고릴라는 다른 영장류들에 비해 섹스

횟수가 적고, 에로 원숭이라는 별명이 있는 보노보는 악수 대신 섹스를 한다고 알려져 있을 정도이다. 반면 인간의 행동은 새의 관습과 가장 가깝다. 새 종류의 대부분인 92퍼센트가 일부일처제이기 때문이다.

포유류는 평생 한 파트너만 갖는 비율이 겨우 3퍼센트밖에 되지 않는다. 그들을 나열하자면 아구티(Agouti), 마라(Mara), 여우원숭이, 수달, 비버, 아프리카 난쟁이영양 정도이다. 그렇다면 인간은 왜 일부일처제를 고집하는 것일까? 그리고 그게 왜 가끔 깨질까?

동물 세계에서는 다양한 종류의 남녀 관계가 있다. 일부일처(monogamy, 한 수컷에 한 암컷 – 펭귄, 긴팔원숭이, 대부분의 인간), 일부다처(polygyny, 한 수컷에 여러 암컷들 – 고릴라, 바다사자, 닭), 일처다부(polyandry, 한 암컷에 여러 수컷들 – 꿀벌, 일부 비단원숭이 류, 물떼새 류), 다부다처(polygyandry, 여러 수컷들과 여러 암컷들이 파트너로 – 보노보)로 나눌 수 있다.

이 중 어떤 형태로 갈 것인가는 다양한 – 때로는 모순적인 – 개개의 욕구에 따라 결정된다. 암컷은 이론적으로 많은 수컷이 있으면 좋겠고 수컷은 그 반대로 암컷이 많았으면 한다. 일부일처제는 양쪽이 공평하게 타협을 본 결과이다.

2013년 캠브리지대의 연구에 의하면 질투와 라이벌 의식이 생긴 것은 몇몇 동물류가 진화과정에서 일부일처제가 된 것이 계기라고 한다. 컴퓨터 시뮬레이션에 의하면 암컷들은 서로 붙어 다니지 않고 간격을 두고 멀리 떨어져서 홀로 다니는 것을 목격할 수 있었다. 그것은 현명한 전략이다. 그렇게 함으로써 수컷이 여러 암컷을 가질 수 없게 된다.

또 다른 연구팀 역시 컴퓨터 시뮬레이션을 통해서 영장류가 커플을 이루는 이유가 라이벌 수컷에 의한 영아 살해를 막기 위한 것임을 알아냈다. 포유류의 암컷들은 새끼에게 젖을 물리는 기간에는 대부분 섹스를 하지 않는다. 그런데 새끼가 죽으면 암컷은 다시 정상으로 돌아가서 임신을 할 수 있기 때문이다. 이런 위험을 방지하기 위해 수컷이 암컷 옆에 계속 남아 있는 것이다.

일부일처제를 선택하는 또 다른 이유는 새끼의 양육 때문이다. 새끼를 돌보고 보호하는 기간이 길수록 일부일처제가 될 확률이 높아진다. 소나 양 등의 목초동물들은 태어나자 마자 걷고 곧바로 풀을 뜯어먹을 수 있다. 그들에게서는 일부일처제를 볼 수 없다. 부모가 붙어 있어봤자 뭘 하겠는가? 자손 번식의 기회만 줄어들 뿐이다. 하지만 새 종류의 대부분은 그와는 반대로 많은 돌봄이 필요하다. 어떤 때는 30초마다 한 번씩 벌레를 물어다 줘야 한다. 이는 암수가 모두 투입되어야만 가능하다. 그래서 새들은 일부일처제이다. 수컷들도 부화 과정에 투입되거나 식량을 조달해야 한다. 진화 과정을 볼 때. 부모가 둘일 때 건강한 자손을 후대에 남길 수 있는 최선의 결과를 가져온다.

황제펭귄은 알을 딱 하나만 낳는다. 그리고 그 알을 수컷이 부화시킨다. 수컷은 알을 발 위에 올려놓고 뱃살로 덮은 후 60~70일을 추위에 떨고 있다. 아무것도 먹지 않는 그는 몸무게의 절반을 잃는다. 암컷은 바다에서 고기를 잡아먹으며 원기를 회복하고 알이 부화된 다음에야 집에 돌아온다. 수컷은 그때서야 먹이를 먹는다. 그들은 같이 조화롭게 살아간다.

그 관계는 지속되어 다음 짝짓기 시기에는 동생도 낳게 되며 대부분 생을 마칠 때까지 공평한 결혼 생활을 유지한다. 포유류 암컷은 천성적으로 새끼 양육에 있어 더 힘든 과제를 갖는다. 다른 동물류들이 둘이서 부화 작업을 분담하는 데 반해, 황제펭귄 암컷은 혼자서 임신을 한다.

그리고 새들의 부모는 같이 벌레를 물어오지만 양육은 혼자서 해야 한다. 원칙적으로 수컷의 도움이 필요치 않다. 그래서 커플의 접속력이 약한 것이다. 양육 과정에서의 역할 분담 정도가 일부일처제로 사느냐, 아니냐를 결정한다. 그래서 포유류의 대부분은 일부다처제이다. 사자, 물개, 고릴라, 붉은사슴들은 다수의 암컷을 갖는다.

그런데도 인간은 왜 커플로 사는가? 다른 대부분의 포유류, 그리고 파충류나 물고기와 달리 인간의 아기는 너무 약해서 오랫동안 집중적인 양육을 필요로 한다. 새의 새끼가 알을 깨고 나왔을 때와 같은 상태로 나약한 것이다. 집중적인 부화 기간이 길수록 그리고 부모의 양육 분담이 철저할수록 커플 관계는 더욱 돈독해진다.

재미있는 현상은 일부일처 커플은 암컷과 수컷의 외모가 비슷하다는 점이다. 앵무새, 펭귄, 비단원숭이, 긴팔원숭이를 보라. 그들은 암컷과 수컷을 구분하기가 힘들다. 그것은 어째서일까?

일부다처 동물류는 한 수컷이 여러 암컷을 가진다. 따라서 많은 수컷들이 총각으로 남게 된다. 이 수컷들도 다른 수컷들보다 더 크고, 더 잘생겨야 하는 경쟁 관계에 놓이게 된다. 이러한 수컷들은 경쟁 때문에 점점 더 크고, 점점 더 화려한 외모를 띠게 되어서 암컷과 큰 차이를 이루게 된다. 공작새, 바다사자, 붉은 사슴의 예를 보라.

일부일처로 사는 동물류는 경쟁에 대한 압박이 크지 않다. 일대일 구도로 가면 평범한 수컷에게도 같은 수의 암컷이 남아 있는 것이다. 그들은 다른 전략을 사용하면 된다. 자신이 자상하고, 지고지순하다는 점을 내세우거나 자주 선물을 한다든지, 부르면 곧바로 달려간다든지, 둥지 짓는 것을 도와준다든지 하는 식으로. 그래서 암수의 외모 차이가 큰지 작은지가 일부일처제의 척도가 된다.

그러면 인간의 경우는 어떤가? 고릴라는 섹스에 적극적이지 않다. 실버백 고릴라의 몸집은 암컷보다 훨씬 크다. 인간의 경우, 고릴라만큼 큰 차이가 나지는 않지만 차이는 분명히 존재한다. 남자들은 여자보다 키가 크고 근육양도 많다 (평균 차는 약 12퍼센트이다). 그렇다면 우리는 천성적으로 일부일처제인가, 아니면 그렇지 않은가?

남 브라질 종족인 카잉강(Caingang)족은 모든 형태의 남녀관계가 허용되는 종족인데도 60퍼센트가 일부일처제를 선택한다. 물론 지구의 대부분 인종이 일부일처제를 택한다. 하지만 일부다처제를 선택하는 문화권도 많이 존재한다. 서양 문화권을 제외한 다른 지역의 83퍼센트에서 일부다처제가 통용된다.

몇몇 학자들은 인간은 원래 일부다처제라고 주장한다. 하지만 나는 그렇게 생각하지 않는다. 원하는 것과 얻는 것은 항상 한 켤레에 속하는 양쪽 구두와 같다. 아마 모든 남자의 꿈이 많은 여자를 가지는 것이리라. 하지만 이 꿈은 결코 누구에게나 이루어지지는 않는다. 많은 여자를 거느리는 것이

천국인 것 같지만 현실은 대부분의 남자들이 결국은 외롭게 살아야 하는 시스템인 것이다.

최상의 조건을 가진 소수의 남자들만이 많은 예쁜 여자들을 가지게 되고 대부분의 평범한 나머지 남자들은 얼마 남지 않은 나머지 여자들을 가지고 싸워야 한다. 바다사자를 보라. 한 마리의 대장이 모든 암컷을 거느리고 나머지 수컷들은 평생을 총각으로 지내야 한다. 어떤 쪽을 원하는가? 바다사자처럼 일부다처제로 살고 싶은가, 아니면 모든 수컷이 한 마리의 상냥한 암컷을 갖는 비버처럼 살고 싶은가?

일부일처제는 남자를 구속하려는 여자들의 모략인가? 그게 아니다. 왜냐하면 커플 남녀 관계야말로 남자들에게 섹스의 기회(후손 번식의 기회)가 가장 큰 최상의 옵션인 것이다.

일부일처제는 남자와 여자 양쪽에게 모두 장점이 돌아가는 타협점이라고 보는 게 맞다. 그런데도 그게 왜 제대로 안 될 때가 있을까? 외도에 대한 경향은 세상에서 근절하기가 쉽지 않다. 외도를 사형으로 벌하는 나라에서도 외도는 존재한다. 미국 남성의 경우 기혼자의 25~50퍼센트가 혼외정사를 경험한다는 통계가 있다. 여성의 경우는 30퍼센트로 나타났다.

그렇다면 왜 그렇게 한 파트너로 만족하지 못할까? 생물학에서는 일부일처제와 정절을 다르게 보고 있다. 한 유기체가 자신이 한 파트너에 속하고 성행위를 '주로' 그 파트너와만 한다고 여겨질 때 이를 일부일처제라 한다. 정절이라는 것은 한 생명체가 끝까지 바로 그 파트너와만 섹스를 하는 경우를 말한다.

중요한 것은 대외적인 것이다. 새들은 같이 둥지를 짓고 사람들은 결혼하고 같이 산다. 모든 가족과 이웃이 그것을 하나의 분명한 시그널로 인식한다. '쟤네들은 커플이다'라고. 그리고 가족과 이웃들이 자신들을 일부일처제로 생각한다는 것을 스스로도 알고 있다. 그래서 바람은 몰래 피우게 된다. 이는 동물 세계에서도 마찬가지이다.

흐로닝언대의 카렌 보우먼(Karen Bouwman)은 몇 년 전에 일부일처제이면서도 꾸준히 바람을 피우는 멧새를 관찰했다. 주로 암컷이 범인이다. 이들은 대부분 이웃 수컷과 정분이 난다. 다섯 마리의 암컷 중 네 마리가 적어도 한 마리의 혼외 새끼를 낳았다. 멧새 새끼의 절반 이상이 공식 파트너의 핏줄이 아닌 것으로 밝혀진 것이다.

한 벨기에 학자의 연구에 의하면 곤줄박이(varied tit) 암컷은 주기적으로 파트너를 속이는데 그 상대는 주로 나이가 많고 몸집이 더 큰 수컷이었다. 수컷들이 이른 아침 나무 꼭대기에 앉아 노래를 부르면 (그런데 도대체 누구를 위해서 노래하는 걸까?), 숙녀들은 멋진 애인을 찾아 나선다. 더없이 모범적인 롤 모델인 일부일처제 새들을 연구한 결과, 지금까지의 가설이 뒤집어진다. 영원한 사랑의 상징인 백조도 그렇게 영원하게 사랑하지는 않는 것 같았다.

암컷들은 '가정의 행복' 전략과 '남자와의 기쁨' 전략 사이의 타협을 선택하는 것 같다. 가정에는 든든한 파트너, 밖에서는 유전적 다양성의 제공으로 더 강한 후손을 보장해주는 슈퍼맨이 있다. 수컷들도 마찬가지이다. 가정을 가지고도 가끔 한눈을 판다. 일부일처제 동물류도 죽을 때까지 결혼 서약을 지키는 예는 드물다. 그래서 생물학자들은 사회적 일부일처제와 유전적 일부일처제를 구분한다.

일부 진화생물학자들은 인간에게 가장 자연적인 전략으로 시리얼 일부일처제(serial monogamy)를 언급한다. 몇 년간 깊은 감정을 갖고 관계를 맺어서 자녀를 낳고, 4~5년 후 아이들이 어느 정도 성장하면 헤어지고, 다시 새롭게 시작하는 삶을 말하는 것이다. 그것은 즉 이혼의 위험이 언제든지 도사리고 있다는 말이다. 그래서 파트너들은 이러한 위험을 감지하기 때문에 서로를 감시한다. 아프리카 앵무새는 절대 바람을 안 펴서 러브버드(lovebird)라고도 불리는데 이들은 항상 어디서든 붙어 다녀서 외도할 겨를을 주지 않는 것으로 나타났다.

한 쌍이 늙어서까지 헤어지지 않고 사는 긴팔원숭이도 다른 무리와 뚝 떨어져서 가족끼리만 함께 산다. 흰뺨긴팔원숭이 커플이 듀엣을 부르는 소리를 들으면 그들의 사랑이 얼마나 깊은지를 느낄 수 있다. 노래의 하모니가 아름다울수록 그들의 사랑은 더 깊은 것이다. 그리고 자신의 짝이 죽으면 남은 짝은 더 이상 노래를 하지 않는다. 긴팔원숭이는 파트너와만 이중창을 부르기 때문이다. 인간도 역시 여러 이벤트를 통해 사랑의 언약을 하곤 한다. 깊은 연정과 강한 질투심이 또한 뒷받침이 되곤 한다. 우리는 파트너의 유일한 사람으로 남고 싶다. 그런데 현실은 어떤가? '글쎄, 옆집 이성도 괜찮아 보이긴 한데….'

8

원숭이가 엉덩이를
높이 들 때는

    남자들은 가능한 많은 섹스를 하고 여자 파트너도 가능한 많았으면 한다. 그러면 여자들은? 그들은 정원과 강아지가 있는 집을 원한다. 섹스 문제에 대해서는 조금 까칠하다. 숙녀들은 아무 남자하고나 자려고 하지 않는다. 그리고 어떤 남자가 자신의 엄격한 선발 과정에 합격하면 그를 계속 옆에 두려는 경향이 있다. 그리고 섹스 횟수도 남자들보다 적다. 여기까지가 우리가 아는 사랑과 섹스에 관한 남녀의 전형적인 차이점이다.

영국 유전학자인 앵거스 존 베이트먼(Angus John Bateman)은 1940년대 말에 광대파리를 연구하여 남자는 섹스에 집착하고 여자는 부끄러워한다는 이론을 발표했다. 광대파리는 바나나가 갈색으로 변하거나 박하가 시들면 곧바로 나타나는, 유전학 분야에서 가장 많이 연구되는 작은 동물이다. 이들은 번식 속도가 놀랄 만큼 빠르고 연구하기도 쉽기 때문이다. 베이트먼은 광대파리 수컷이 매우 자주 섹스를 시도하지만 암컷이 이를 대부분 거절하는 것을 관찰했다. 많은 암컷들과 짝짓기를 한 수컷은 거절당한 수컷들보다 후손이 많이 생겼지만 많은 수컷들과 짝짓기를 한 암컷은 그렇지 않은 암컷과 똑같은 수의 후손을 가졌다는 것도 밝혀냈다. 베이트먼의 분석에 의하면 수컷은 외도를 할수록 이득이 생기는 반면, 암컷은 얻는 것이 별로 없다는 것이다. 남성의 성에 대한 집착과 여성의 수동적인 자세를 진화론적으로 잘 설명한 예이다.

이 이론은 인간에게도 적용된다. 여자는 이론적으로 10개월에 한 번씩 아기를 낳을 수 있다. 최대한 수십 명의 출산이 가능하나 대부분은 훨씬 적은 숫자가 된다. 기네스북에 의하면 18세기 러시아 여성이 27번 임신해서 쌍둥이, 세쌍둥이, 네쌍둥이를 여러 번 낳아서 총 69명의 아기를 출산한 세계 기록을 가지고 있다. 대단히 집이 북적거렸을 것이다. 하지만 남자는 쉽게 100명의 자손을 볼 수 있다. 여자만 많이 있어주면. 몽골의 지배자인 칭기즈칸은 1160년과 1227년 사이에 여러 여자들과의 사이에 1,000여 명의 자녀를 두었다. 몇몇 유전학자가 2003년 발표한 논문에 의하면, 현 지구 인구의 0.5퍼센트, 즉 1,600만 명이 그를 시조로 두고 있다고 한다.

여하튼 이러한 남녀의 생물학적 차이 때문에 남자는 성적 충동 유전자를 보유하고 있다고 진화론은 설명한다. 태고시대에 (또는 어느 시대든지) 여러 여자들과 섹스를 했던 남자들은 – 베이트먼의 광대파리처럼 – 한 여자만 바라보던 남자들보다 자손을 훨씬 많이 남겼다. 선량한 남자들도 물론 후손 번식을 하고자 했을 것이다.

그러나 섹스에 중독된 남자들보다 뒤졌을 것이다. 이런 현상은 대를 거듭할수록 점점 더 차이가 심해졌다. 성적 충동 유전자를 가진 아빠는 또 그런 유전자를 가진 자식을 낳게 되는 식으로 발전했다. 그래서 요즘 거리에 돌아다니는 남자들 대부분이 여자를 보기만 하면 작업의 충동을 느끼는 것이다. 자유로운 혼외정사의 경향은 – 영국에서는 '상대를 탐색하는 눈(wandering eye)'이라고 부르는데 – 남자들에게는 자연스러운 일이라고 볼 수 있다.

이와는 반대로 여자들은 광대파리의 경우처럼 여러 침대를 왔다갔다 해봤자 별로 얻는 것이 없다. 많은 남자를 거친다 한들 한 남자만을 상대하는 여자보다 더 많은 아이를 낳는 것도 아니다. 차라리 제대로 된 남자 하나를 골라서 – 아주 엄격한 기준을 세워서 – 자신의 귀한 난자를 수정하는 경우가 작업 들어온 첫 남자와 곧바로 수정하는 경우보다 더 강하고 예쁜 아기를 낳을 가능성이 더 높다.

소위 '계산과 정숙' 유전자가 결국은 성공하는 유전자가 되어 계속 대물림을 함으로써 점점 더 자기강화를 하는 결과를 가져온다. 왜냐하면 정숙한 여자들의 유전자가 생존 및 번식 기회를 가질 확률이 더 높아서 그 딸들이 '계산과 정숙' 유전자를 물려받아 그들 또한 정숙한 소녀가 된다. 그래서 현존하는 여성들이 섹스에 있어서 조심스러운 태도를 보이고 있는 것이다. 이는 반박의 여지가 없는 이론이다.

베이트먼의 이 이론은 수년 동안 《화성에서 온 남자, 금성에서 온 여자》라는 책에서 그 바탕을 이루어왔다. 즉 남자들은 자신의 정액을 가능한 멀리 퍼뜨리려고 하고 여자들은 영원한 사랑을 찬양하는 유전자를 가지고 있다. 그래서 세계 어디를 가든 동네 사람들이 모이면 남자란 원래 그래, 여자는 원래 그래라는 얘기를 하는 것이다.

그런데 동물 세계의 암컷들은 생각만큼 정숙하지 않은 것으로 밝혀졌다. 그동안은 암컷의 성적 자유로움에 대한 연구가 오랫동안 다뤄지지 않거나 잘못 해석되곤 하였다. 예를 들면, 야생동물을 수천 시간 관찰한 결과, 암컷의 경우 아무런 혼외정사 사례가 없었던 것으로 결론을 내렸다. 아니면 수컷의 강요에 의해 당한 사례만 있을 뿐이라는 추론이 존재했다. 아니면 착각에 의한 실수라고 여겨졌다.

원래 남편인 줄 알았는데 낯선 수컷이었다는 등의 해석이 있었다. 가끔 방탕한 암컷이 보이면 학자들은 몇몇의 미친 계집애들 사례라고 예외로 다루곤 했다. 암컷이 바람을 피울 경우 이득을 보리라는 생각에는 아무도 미치지 못했다. 하지만 동물 세계에서는 암컷이 바람을 피우는 것이 예외가 아니라 오히려 일상에 해당한다는 사실을 뒤늦게 알게 되었다.

암컷도 외도를 한다는 사실을 이제는 생물학자들도 인정하고 있다. 문제는 왜 그러느냐는 것이다. 한 수컷과 계속 교제하는 경우 더 많은 후손을 얻는 것은 자명한 사실이 아닌가. 토끼나 곤충, 새 종류는 한 번에 많은 난자들의 동시 수정이 가능하고 통계적으로도 많은 수컷과 교미하면 모든 난자가 다 수정된다. 그런데 일부일처제로 살면 난자가 수정이 되지 않을 때도 있다.

몇몇 생물학자들은 이런 외도를 일종의 '정액 보험'이라고 정의한다. 남편이 아프거나 해서 정액이 (일시적으로) 생산되지 못할 때는 이웃이 도움이 될 수 있다는 것이다. 일종의 후손번식의 안전장치가 외도의 중요한 이유인 것이다. 가마우지를 예를 들면, 남편과의 사이에서 자식이 적은 암컷들이 외도를 한다. 자식이 전혀 없는 암컷이 가장 많이 외도를 한다는 연구 결과도 있다.

파트너가 불임이라는 증거가 없는데도 바람을 피우는 암컷들도 있다. 이는 만약을 대비하는 경우로 보인다. 미국 남서부에 서식하는 설치류인 초원개(Prairie dog)는 한 파트너와의 임신 확률이 92퍼센트인데 반해, 많은 수컷과의 임신 확률은 100퍼센트에 이르고, 새끼의 숫자도 많은 것으로 나타났다.

암컷이 혼외정사를 하는 또 다른 이유는 그로 인해 양질의 후손을 얻을 기회가 많기 때문이다. 다양한 수컷과 교미하면 자신과 아주 다른 유전자를 가진 수컷을 만날 확률이 높아서 근친교배로 인한 유전변이를 예방할 수 있는 것이다. 수달의 경우, 다양한 수컷과 교미하면 사산이 크게 줄어드는 것으로 나타났다.

암컷들의 외도가 학자들에 의해 오랫동안 관찰되지 않은 이유는 암컷들이 자신의 행적을 철저히 감추고 있기 때문이다. 수컷은 다른 암컷을 유혹할 때 노골적으로 시선을 보내는 반면에, 모든 동물류의 암컷은 다른 수컷에게 은밀한 시선을 보내고 몰래 배신한다. 북아메리카 명금류인 찌르레기의 암컷은 바람을 피울 때 자신의 생활권 밖, 즉 수컷의 영역이나 제3의 장소를 택한다.

방탕한 삶을 사는 '우리의 침팬지 언니들'도 철저하게 비밀을 지킨다. 그들을 17년간 관찰한 연구자들 중 누구도 단 한 차례의 외도를 목격한 바가 없었다. 가끔 암컷이 하루 이틀 무리를 이탈한 적은 있었으나 왜 그런지는 아무도 몰랐다. 아프리카 아이보리코스트에 사는 침팬지의 DNA를 분석한 결과, 뛰어다니는 새끼들의 절반 이상이 자신의 무리가 아닌 수컷의 핏줄이었다. 침팬지 암컷들은 다른 동네 수컷과의 깜짝 데이트를 끝까지 숨긴 것이다.

외도는 대부분 번개팅이다. 많은 동물들은 파트너의 구혼 과정에 많은 시간과 에너지를 소비하는데 – 춤추고, 노래하고, 이벤트를 벌이고 – 반면 혼외정사는 아주 다르게 간다. 마카카원숭이 암컷은 이를 번개같이 빨리 해치운다. 촛불을 켠다거나, 베리 화이트(Barry White)의 노래를 튼다거나, 애무를 하는 일은 없다. 이 암컷은 수컷이 잠깐 딴 짓을 하는 사이에 번개같이 바위 뒤로 가서 연인을 만나고 얼른 돌아와서 아무 일 없었던 것처럼 손톱을 들여다보고 있다.

암컷들이 그들의 외도를 끝까지 숨기는 데에는 여러 가지 이유가 있다. 자연 세계에서 외도가 발각되면 이는 암컷뿐만 아니라 수컷에게도 큰 타격을 준다. 일단 수컷은 암컷보다 신체적으로 우세하기 때문에 화를 내게 하거나 질투심을 유발하게 하면 곧바로 위험해질 수 있다.

동물 세계에서도 암컷의 외도는 '이혼'이라는 결과를 가져오기도 한다. 수컷은 집을 떠나고, 암컷은 혼자서 새끼를 먹여 살리고 키워야 한다. 그래서 암컷은 끝까지 사실을 숨긴다. 잘만하면 이웃 무리의 좋은 유전자도 물려받고 동시에 착한 가장의 도움도 받을 수 있기 때문이다.

아무리 그렇다고 해도 파트너 교체를 열렬히 소망하는 사람은 여자보다는 남자 쪽이 아닌가? 그렇다. 아마 그럴 것이다. 대부분의 동물이 다 그렇다. 토끼를 예로 들자면 암컷과 수컷이 같이 있으면 곧바로 짝짓기에 돌입한다. 보통은 여러 번을 연속한다. 얼마 후 과로에 지친 수컷은 암컷으로부터 떨어진다.

하지만 새로운 암컷이 나타나면 과로의 흔적은 바람처럼 사라진다. 그는 마치 요술방망이를 맞은 듯 생기와 활력을 되찾고는 새로운 암컷에 몰입한다. 이 현상은 많은 동물에게서 발견되며 그간 많이 연구되기도 했다. 이는 미국 30대 대통령의 이름을 따서 쿨리지 효과(Coolidge effect)라 부른다.

이 스토리는 대통령 부부가 한 농가를 따로 떨어져 시찰한데서 시작된다. 수탉이 암컷을 올라타는 것을 본 영부인이 수탉이 자주 이러느냐고 물었다. "아, 그럼요. 하루에도 여러 번이지요"라고 농부가 대답하자 "그 얘기를 내 남편에게 해주세요"라고 그녀가 장난기 있게 말했다. 그 말을 들은 대통령은 똑같은 암탉이었냐고 물었고, 농부는 "아닙니다. 항상 다른 암탉이지요"라고 대답했다. "그럼 그걸 내 아내에게 얘기해주시오"라고 그가 퉁명스럽게 응수했다고 한다.

인간에게도 쿨리지 효과가 있다. 남자는 오르가슴이 끝난 얼마동안 성관계를 할 수 없다. 그런데 자기에게 신호를 보내는 여성이 나타나면 곧바로 준비 태세로 들어간다. 오랜 결혼생활을 한 부부에 대해서는 말할 것도 없다. 돌아버릴 지경이다. 부부관계를 한 지도 여러 달이 지난 남편은 주말 내내 소파에서 뒹굴기만 한다. 섹스는 중요한 게 아니라느니, 직장 스트레스 때문에 생각이 없다느니 하던 느림보가 바깥에서 다른 여자를 만나면 종마가 된다. 대단한 자연의 기적이다.

새로운 여자는 남자를 자극한다. 기분 전환인 것이다. 이런 쿨리지 효과가 남자에게만 나타나는 줄 알았는데 여자에게도 나타나고 있다. 캐나다 학자가 햄스터를 연구한 결과,

암컷들은 아는 수컷보다 처음 보는 수컷에게 엉덩이를 더 높이 흔드는 것을 관찰했다. 원숭이의 암컷들은 무리에 새로 합류한 수컷이 있으면 서열이 낮을지라도 섹스를 허락하곤 한다.

인간도 마찬가지로 여성은 새로운 남성에 관심이 높다. 낯선 여행자건, 새로 이사 온 이웃남자이건. 생물학자들은 낯선 남자에 대한 여성의 관심을 실용적인 메커니즘으로 해석한다. 즉 동종교배를 예방하기 위한 자연의 장치로 보는 것이다. 기회가 되면 외부 남자에게서 새로운 피와 더 건강한 유전자를 조달하려 한다. 오스트레일리아에서 오랫동안 폭 넓게 진행된 연구에 의하면, 중년 여성의 경우 섹스의 관심도가 급격히 낮아지는데 새로운 파트너를 가진 여성은 여전히 섹스를 즐기고 있었다.

최근 미국에서 14세부터 49세 사이의 6,000명 여성의 성경험을 설문 조사한 결과, 파트너가 아닌 남자와의 섹스에서 더 오르가슴을 느꼈다고 대답했다. 여성들은 안정, 결속, 안전만을 추구하지는 않는다는 사실이다. 한마디로 남자는

섹스에 적극적이고 여자는 부끄럼을 탄다고? 내 생각은 다
른데….

9

앵무새의 생식기는
어디로 숨었나

남자들은 페니스를 드러내놓고 다니기를 좋아한다. 혼탕 사우나나 누드 해변에 가보면 그런 느낌을 받게 된다. 남자들이 특히 눈에 잘 띄는 것은 뭔가가 매달려서 흔들거리기 때문이다. 대부분의 동물들은 그 부분에 있어서 조금 더 은

밀하다. 갈매기가 흔들리는 물체를 매달고 나르는 것을 본 적이 있는가? 앵무새는? 대구는? 수달이나 악어는? 나는 못 봤다.

인간 수컷이 어째서 눈에 띄는 성기를 달게 되었나를 알기 위해서는 먼 옛날로 거슬러 올라가 보는 수밖에 없다. 최초의 페니스가 언제 지구에 등장했는지를 더듬어보는 것이 쉬운 일은 아니다. 뼈가 없는 신체 부위는 화석화가 되지 않기 때문에 디노사우르스나 삼엽충에게 페니스가 있었는지는 판단하기가 쉽지 않다.

화석화된 원생동물의 성생활을 연구하는 데 있어서는 대부분의 포유류 수컷의 생식기 속에 있는 페니스 뼈를 연구하는 데 그쳤다. 우리의 가까운 친척인 침팬지는 아직도 이 뼈를 가지고 있다. 하지만 적외선이나 X선 촬영 같은 기술이 개발되어서 뼈가 없는 부분도 관찰이 가능해지면서 화석 연구는 더욱 활발해졌다. 그리하여 점점 더 오래된 페니스의 발굴이 가능해졌다.

옥스퍼드대와 예일대 연구팀은 2003년 세계에서 가장 오래된 페니스를 발견했다. 그 영광의 주인공은 게(십각류, 十脚類)가 차지했고 나이는 무려 4억 2,500만 년이 된다. 현대의 게나 작은 새우 등의 조상이 되는 이 생물은 크기가 5밀리미터 정도인데 성기가 뚜렷하게 증명된 가장 오래된 사례가 되었다. 연구팀은 그를 '큰 페니스 수영체(swimmer)'라고 불렀다.

호주 고생물학자인 존 롱(John Long)은 2008년 센세이셔널한 발견을 했다. 3억 8,000만 년 전 물고기에서 광물화된 탯줄을 지닌 완벽한 형태의 배아를 발견한 것이다. 그때까지는 학자들도 지구상의 첫 물고기도 지금과 마찬가지로 – 많은 양의 난자와 정액을 물에 분사하여 정자가 마치 폭탄처럼 난자를 덮치는 방식으로 – 수정을 했으리라고 추측해왔다. 즉 성교가 없었다는 추측이었다. 이 물고기의 발견으로 인해 우리는 이제 다른 사실을 알게 되었고 이는 스펙터클한 사건이었다.

이 물고기의 조상에게는 '마터피시스 아텐보로기(Materpiscis Attenboroughi)'라는 학명이 주어졌고 존 롱 연구팀은 이 물고기가 지구에서 가장 오래된 임신부이며 이는 또한 지구에서 가장 최초의 랑데부가 되는 쾌거를 달성했다며 이를 축하하는 맥주 파티를 열었다. 왜냐하면 그 임신부가 수컷과의 랑데부 없이 어떻게 혼자 임신을 했겠는가?

물론 롱은 최초의 성교에서 페니스가 있었느냐는 문제에 대한 언급은 하지 않았다. 그는 위의 스펙터클한 발견이 있은 후, 같은 물고기류에서 가장 오래된 페니스를 찾아내어 자신의 학설을 증명하고자 애쓴 결과, 결국 수컷의 성기를 발견하기에 이르렀다. 그 생김새는 마치 상어와 가오리의 성 기관과 비슷한 모양을 하고 있다.

꼬리같이 생긴 이 쌍은 우리가 알고 있는 페니스와는 달라서 일종의 보조대라고 롱은 설명한다. 선사시대의 물고기 수컷이 암컷이 움직이지 않게 붙잡는 데 쓰였던 것으로 양쪽 성기의 입구가 딱 맞도록 이들이 아래 위에서 꽉 눌러주는 역할을 했다는 것이 그의 추론이다.

화석 전문가인 여성학자 제리나 요한슨(Zerina Johanson)은 2009년 원조 페니스의 실체를 발견했다. 이는 곧 척추동물의 최초 페니스가 된다. 이 동물도 역시 원시 물고기여서 이는 곧 파충류, 새와 인간과 같은 척추류의 직접적인 조상이 되는 격이다. 이 물고기는 런던 자연사박물관에서 20년 넘게 먼지를 뒤집어쓰고 있었는데 이를 요한슨이 현미경으로 관찰하기 시작한 것이다. 진열대에 있던 뼈 조각을 그냥 생선을 먹다 남은 뼈 조각인 줄 알았는데 이것이 태아의 뼈인 것으로 확인된 것이다.

이는 즉 그 물고기 암컷이 성관계를 했다는 확실한 증거물이 된다. 이 물고기류는 두 개의 각진 보조대 대신에 한 개의 길고, 미끄럽고, 부드러운 돌기를 하체에 부착하고 있었다. 이 돌기가 암컷에 삽입되기 위해서 계속 진화하게 된다는 것이 일반적인 견해이다.

고생물학자들은 이 원조 물고기가 꽤 컸던 것으로 보고 있다. 수컷과 암컷은 모두 두꺼운 뼈로 된 등껍질이 있었다. 이런 무장 상태로 섹스하기는 힘들었을 것이다. 이 등껍질을 뚫고 암컷과 수컷이 서로 비비는 것이 힘드니까 상당한 크기의 페니스가 등껍질 사이의 간격을 뚫을 수 있는 수단으로 쓰이게 된 것이다. 등껍질에 싸여 있는 동물들은 예를 들면, 아르마딜로속과 거북이 등은 그런 이유로 페니스가 큼직하게 장착되어 있다.

최근의 이러한 발견들은 놀라운 일이다. 왜냐하면 우리는 여태까지 3억 5,000만 년 전에 동물이 육지를 생활터전으로 삼기 시작했을 때 비로소 페니스가 생성된 것으로 알고 있었기 때문이다. 그 당시 바다 속에는 생명체들이 득실거렸다. 식량 쟁탈 전쟁이 극심했고 상어 같은 맹수의 습격도 위협적이었다. 안전하고 넓은 생활공간을 마련해야 하는 압박감은 점점 커졌다.

육지에는 식물 식량이 많았고 주위도 평화로웠다. 하지만 이 안정된 생활공간에서 살기 위해 육지 개척의 선구자들은 무언가를 만들어야 했다. 바다 환경에 익숙했던 동물들에게 육지의 건조함은 커다란 도전이었다. 물속에서 교환되곤 했던 난자와 정자는 공기와 접하자마자 말라 죽었다. 그리하여 성세포를 촉촉하게 유지할 수 있는 전략을 가진 동물들만이 육지에서 멸종하지 않고 번식할 수 있었다.

그래서 3억 4,000만 년 전에 새로운 동물 그룹인 양막류

(羊膜類)가 생겨났다. 그들의 배아는 건조를 막기 위해 특별한 얇은 막을 지니고 있었다(계란을 삶았을 때 보이는 속껍질을 생각하면 된다). 이 속껍질은 엄마의 몸속에서 형성되기 때문에 양막류의 수정은 몸속에서 이루어져야 했다.

이것은 진화사에 있어서 획기적인 전환점이었다. 왜냐하면 이로 인해 지구 동물의 숫자가 엄청나게 불어났기 때문이다. 육지에서 산다는 선택은 우선은 가능하고, 옳았고, 완전했다. 하늘과 숲과 땅은 정복될 수 있었다. 맨 앞줄에 파충류가 있었다. 영양 덩어리를 품은 양수막은 점점 진화하여 딱딱한 껍질을 갖게 되었다. 파충류는 − 후에는 디노사우루스도 − 질기고 가죽 같은 껍질의 알을 낳게 되고 새들은 − 작은 디노사우루스의 후손인 − 딱딱한 석회질의 알을 낳게 된다. 이 두 종류의 알 껍질은 육지의 장애물로부터 안전한 보호 장치가 되어주었다.

훗날 포유류에서는 체내에서 수정만 이루어지는 것이 아니라 그 속에서 태아를 난숙시키는 과정도 거친다. 알은 점점 더 암컷의 몸속으로 들어가며 진화를 거듭한다. 자궁은 수정과 성장을 위한 완벽한 호수 같아서 그 항구에 다다른 배아가 오랫동안 머무르며 훌륭한 후손으로 성장해서 밖으로 나가게 된다. 진화 과정에서 딱딱한 껍질은 사라지고 속껍질인 양막은 남게 된다. 태아는 그 안에서 안전하게 떠 있는 채로 점점 자라서 세상 밖으로 나오게 된다.

그런데 그게 페니스와 무슨 상관이 있는가? 새로운 생활공간을 정복한 동물들은 그 순간부터 건조한 환경에서 짝짓기를 해야만 했다. 양막류는 진화를 거쳐 체내에서의 수정을 도울 수 있는 기관을 만들어냈다. 육지로 가지 않고 물속에 남아 있던 물고기, 개구리 및 다른 양서류들은 계속 물속에서 수정이 이루어지니까, 정액을 암컷 속에 집어넣을 필요가 없으니까 페니스가 필요하지 않았다. (개 중에는 몇몇의 예외가 있다. 위에서 언급한 대로 선사시대의 원조 물고기에는 페니스가 있었다. 왜냐하면 두꺼운 등껍질이 있었기 때문이고 몇 종류의 개구리류도 페니스가 있는데 이는 물 흐름이 격한 곳에 서식하면 난자와 정자가 쓸려 나가기 때문에 체내 수정이 불가피하기 때문이다)

그러나 이것 하나만은 확실하다. 페니스는 육지에 와서

비로소 보편화됐다는 사실이다. 크고 작은, 곧바르고 구부러진 그리고 심지어는 두 개의 페니스로까지 발전했다. 뱀이나 도마뱀 같은 파충류들은 소위 절반 페니스라는 것을 달고 나오는데 이는 성기관이 반으로 쪼개져서 왼쪽과 오른쪽을 번갈아 사용할 수 있다. 두 개의 페니스는 드물기는 하지만 인간에게도 발견할 수 있는데 이는 중복음경증(diphallus 또는 penile duplication)이라고 한다. 이는 역사상 약 100여 건의 경우가 알려져 있다.

현대의 파충류는 성기가 그리 크지 않다. 거기에는 그럴 만한 이유가 있다. 생물학자들은 그들의 성기가 물 흐르는 듯하는 모양을 하는 것은 마찰을 피하기 위한 것이라고 전제한다. 매달려 있으면 마찰력이 생기게 되어 헤엄치는 물고기나 미끄러운 뱀장어는 그런 것을 달고 다닐 수 없다. 그래서 뱀이나 악어는 페니스를 몸속에 넣고 다니다가 필요할 때 꺼내 쓴다.

새들은 성 기관에 있어서 기묘한 예외의 경우가 된다. 이 깃털 달린 친구들은 체내에서 수정이 이루어진다. 그런데도 그들의 3퍼센트만 페니스가 있다. 거의 모든 새에는 소위 배설강(排泄腔)이라는 것이 있는데 이는 별로 아름답지 않은 신체 구멍을 좋게 말하는 것으로 이 구멍으로 모든 종류의 배설물이 배출된다. 똥, 오줌 또는 난자나 정자 같은 유전 분비물이 이에 속한다. 새들은 짝짓기를 할 때 양쪽 배설강을 서로 붙이려고 노력하는데 이는 무척 힘이 들고 보기에도 아주 우스꽝스럽다. 날개로는 파트너를 붙잡기도 어렵고 해서 이 성기관은 매우 비실용적이다. 페니스가 있으면 간단히 조준이 될 텐데.

고생물학자들은 새들이 그들의 진화 과정에서 페니스를 잃은 것으로 추정한다. 다만 몇 종류만이 이를 아직 가지고 있는데 타조와 땅에 사는 새 종류인 거위와 오리 정도가 그 예로서, 이들은 선사시대의 선조와 가장 가까운 모습을 유지하고 있는 셈이다. 언제 그리고 왜 현대의 새들이 페니스를 잃게 되었는지는 아직 뚜렷이 밝혀지지 않았다. 몇몇 생물학자들은 새들이 하늘을 정복하는 과정에서 사라진 것으로 보기도 한다. 페니스는 날아다니는 데 거추장스럽고 균

형을 잡는 데도 방해되기 때문이다.

최근 유전 물질 연구에 의하면, 수컷의 성기는 신체 부분이 생성되는 초기 단계에 장착된 것으로 보고 있다. 고생물학자인 존 롱에 의하면 진화 과정은 다음과 같다. 우선 물고기에서 지느러미가 생겨나고 뒤이어 꼬리가 생긴다. 이는 짝짓기 할 때 배설강이 서로 잘 맞도록 조정하는 역할을 했다. 꼬리는 파충류에서 볼 수 있는 두 개의 페니스로 발전하고 이는 결국 우리가 알고 있는 하나짜리 페니스로 진화한다.

페니스의 역사는 우리가 생각하는 것보다 복합적이다. 페니스는 진화 과정에서 필요할 때마다 여러 번 생겨났다. 그러다 필요 없어지면 또 사라지곤 했다. 결국 모든 인생사가 그렇듯이 세상에 당연한 것은 없다.

10

사랑을 돈으로
살 수 있다면

수컷 거미는 참으로 믿기 어렵다. 그는 자기에게 이익이 된다면 어떤 연기도 소화한다. 왜냐하면 언제 그가 암컷 거미를 위해 진실로 어떤 일을 한 적이 있는가? 수컷 거미는 최근에 여자친구한테 가져다줘도 먹지 못할 꽃봉오리를 선물한 적이 있다. 암컷 거미가 좋아하는 것은 맛있게 기름기가 좔좔 흐르는 곤충인데 말이다. 그는 그녀가 너무 불평이 많다고 투덜거린다. 너무 요구가 많아. 그냥 섹스나 하면 안 돼?

상투적인 말이라고? 그럴지도 모르겠다. 하지만 이 거미의 애정사는 전 세계 남자들과 여자들의 전형적인 사랑 싸움의 예시이다. 그녀는 그에게 사랑, 신뢰, 배려에 관한 증거를 요구한다. 그는 자의반 타의반으로 속임수를 쓰며 그녀가 불만투성이라고 비난한다. 이 문제에 대한 사례는 의외로 동물 세계에서도 많이 찾아볼 수 있다. 여기서 우리 남녀 문제의 원인은 원론적인 분쟁으로 소급될 수 있다.

영국의 진화생물학자인 제프리 파커는 1970년대 말에 동물과 인간의 남녀는 서로 다른 생물학적 이해관계 때문에 항상 다투는 것이라고 처음으로 언급했다. 남녀의 후손 번식 전략이 서로 다르기 때문이라는 것이다. 싸움은 2단계로 이루어져 있다. 섹스(얼마나 자주 하느냐, 또 얼마나 당연하게 받아들이느냐 하는 문제), 그리고 투자(누가 집안일을 더 많이 하느냐, 상대방을 위해 얼마나 많이 노력하느냐 하는 문제)이다. 바로 이 부분에서 두 성의 근본적인 차이점이 적나라하게 드러난다.

수컷은 거의 무한대의 정자 재고량을 보유하고 있고, 따라서 거의 무한한 숫자의 후손을 얻을 수 있다. 물론 그러려면 열심히 섹스를 해야 한다. 여자는 난자의 수가 제한되어 있고, 자녀의 수도 제한되어 있다. 한마디로 남자는 짧은 만남이 많을수록, 즉 섹스는 많고 관계투자는 적을수록 이득이 많고 여자는 섹스 자체에는 에너지를 덜 소비하고 남자가 자신을 물질적으로나 비물질적으로나 전력으로 뒷받침해주기를 바란다. 한마디로 정반대이다.

모든 개체는 상대방과 대립된 욕구를 지니고 있으며 동시에 자신의 꿈을 실현하기 위해 상대방을 필요로 한다. 그래서 양쪽은 서로 자기가 이상적인 파트너라고 확신시키는 작업을 하는 동시에 뒤쪽에서는 자신의 목표를 끈질기게 추구한다. 남자들이 자신을 힘세고, 키 크고, 자상하고, 충실하다는 것을 부각하는 반면, 여자들은 자신이 젊고, 예쁘고, 얌전하게 보이는 데 모든 것을 건다.

이러한 양성 간의 충돌을 파커는 '적대적 공진화(antagonistic coevolution)'라고 불렀다. 이는 일종의 군비 경쟁으로 각 성은 자신의 이익을 위해서 다른 성을 기만하기 위해 끊임없이 전술을 개발하게 된다. 이 공진화 과정은 파커에 의하면 다음과 같이 전개된다. 여자는 우선 자신에게 가장 이득이 될 만한 남자를 고른다. 그녀는 그가 인색하지 않은지를 우선 관찰한다. 그가 나와 미래의 자녀를 위해 얼마나 투자를 할 것인가? 이러한 여성의 선택 과정 덕분에 지구상에는 실제로 점점 더 많은 관대한 남자들이 태어난다. 구두쇠는 후손을 덜 가지게 된다는 말이다. 여자들의 이런 선택 성향 덕분에 점점 더 도량이 넓은 남자들이 여자들에 의해 선택되고 그런 후손이 점점 늘어났다.

그러나 진화론에 따르면 어느 지점에 다다르자 속이는 남자들이 생겨나기 시작했다. 선물을 사 대는 데 돈이 엄청 드는데다 선물을 고르고 이벤트를 하는 데 많은 시간과 에너지가 소비되기 때문이다. "그녀가 나를 관대하다고 생각하게 만들기만 하면 돼"라는 생각이 슬슬 들기 시작한다. 그래서 여자들을 속이는 감언이설이 등장하게 된다.

끊임없는 진화 경쟁의 다음 단계는 파커에 의하면, 여자들이 사기에 걸리지 않도록 조심하는 단계가 된다. 여자들에게 건전한 불신이 생겨나서 더 이상 감언이설이 통하지 않게 된다. 이제는 여자들이 시간을 두고 오래 데이트를 가지며 상대를 관찰한다. 많은 여자들이 남자친구의 집에 처음 방문해서 얼마나 충격을 받았는지 나에게 불평하곤 한다.

'도와주세요! 마치 동굴에 사는 원시인처럼 설거지도 안 하고, 맥주 캔은 굴러다니고, 가구는 또 얼마나 촌스러운지!' 얼마나 실망이 큰지, 여기서 그의 싸구려 취향이 드러난다. 그리고 그와는 정반대의 경우도 역시 의심스럽다. 무균실처럼 정결한 집에, 꽃향기가 그윽하고, 디자이너 가구가 가득차면 게이일 가능성이 높다. 아니면 구제불능의 카사노바일 가능성이 높다. 여자들은 이래저래 쉽게 만족시킬 수 없다.

각설하고 이제 거미로 다시 돌아가 보자. 양성 간의 이해 다툼은 여기서 극명하게 드러난다. 암컷이 너무 요구가 많은 것이다. 합치기 전에 결혼 선물을 요구한다. 그것도 마음에 차는 걸로. 수컷은 명주실로 조심스럽게 묶은 파리의 시체를 준비한다. 그저 섹스를 하기 위한 이기심에서. 암컷이 선물 포장을 풀고 음식을 닦는 동안 수컷은 즉시 작업에 착수한다. 암컷이 선물에 몰두하는 시간이 길어지면 짝짓기는 더 오래 계속된다. 이렇듯 암컷의 환심을 사는 것은 수컷의 이기심에서 나온 것이다.

그런데 이 과정을 아주 성의 없게 치르는 수컷들도 있다. 기름진 곤충 대신에 말라빠진 꽃봉오리나 쓸모없는 낱알 또는 자기가 먹다 남긴 파리를 가져오는 경우도 있다. 자기 딴에는 신부에게 주는 선물이라는데 실은 자신의 이익을 위한 것이다. 이런 속임수가 통하는 경우도 있으나 덴마크 아르후스대 학자들의 연구에 의하면, 대부분의 암컷들은 이를 눈치 채고 짝짓기를 중단한다고 한다. 이는 암컷의 이익을 대변하는 행위이다.

어떤 때는 암컷이 선물을 받고는 짝짓기도 하지 않고 가버린다. 완전히 이기적이다. 심지어는 둘이서 서로 선물을 먹으려고 싸우는 경우도 목격된다. 그럴 때 수컷은 죽은 것처럼 쓰러진다. 학자들은 그것이 수컷의 전략이라고 본다. 수컷이 죽으니까 암컷은 경계를 늦춘다. 그 틈을 타서 수컷이 갑자기 튀어 올라 짝짓기를 해버린다. 이것은 물론 수컷의 이기심이다.

동물의 세계에서는 이런 양성 간 이해 다툼의 예가 셀 수 없이 많다. 하지만 인간 세계에서도 이런 남녀 간의 충돌과 분쟁을 쉽게 볼 수 있다. 미국에서 남자 대학생을 상대로 한 연구에 의하면, 그들은 실제보다 더 친절하고 주의 깊은 태도로 여성을 대하며 전혀 사실이 아닌데도 돈이 많은 것처럼 자신을 과대 포장하는 경향을 보인 것으로 나타났다. 여성들을 상대로 한 또 다른 연구에서, 그들은 남자들이 말하는 재정적 전망이 과장된 것임을 익히 알고 조심하는 것으로 나타났다.

이런 남녀 간의 이해 충돌은 다른 곳에서도 터지곤 한다. 남자들이 많은 여자를 상대로 섹스를 하니까 그런 남자들의 유전자가 – 관대하고 열심히 일하는 남자들보다 – 상대적으로 더 많이 퍼져서 성가시고, 뻔뻔스럽고, 끈질긴 타입의 남자가 많이 생겨났다. 그래서 이 세상의 어느 문화권에서든지 성폭행이 난무하며 많은 여성들이 그 희생물이 되곤 한다.

동물 세계에서도 암수 간의 이해 충돌로 인해, 섹스를 하기 위해 잔인하게 폭력을 행사하는 종류들이 있다. 빈대는 그 중에서도 가장 뻔뻔스러운 사례이다. 이 수컷은 암컷에게 최소한의 예의도 차리지 않고 자신의 면도날같이 예리한 페니스를 암컷의 혈관에 찔러서 정액을 직접 혈관에 사정한다. 이를 '트라우마적 인공수정'이라고 칭하는데 나는 그게 적절한 표현이라고 본다.

암컷들은 성폭력으로부터 자신을 보호하기 위해 여러 가지 방법을 동원한다. 예를 들어 홍단딱정벌레 수컷은 발끝에 흡반(吸盤)을 가지고 있어서 그것을 이용하여 암컷을 오래 붙들어 놓는다. 이에 대한 암컷의 대응은 홈이 파진 이중 날개를 개발하여 수컷의 손아귀에서 벗어날 수 있게 했다.

많은 수컷 동물들은 예를 들면 나비, 박쥐, 호저(porcupine, 산미치광이) 등은 심지어 암컷을 제어하는 방법으로 일종의 정조대를 장착시킨다. 즉 자신과의 짝짓기가 끝날 때 굳어지는 물질을 투입하여 애초에 다른 수컷의 접근을 차단시키는 것이다. 이 '짝짓기 플러그'는 제거하기가 매우 힘든데 암컷은 있는 힘을 다해서 자유로운 몸이 되려고 발버둥을 친다. 인간 세계에서도 마찬가지로 여자들은 자신의 자유를 속박하는 타입의 남자를 피하려고 한다. 여자들은 나쁜 의도를 가진 남자들을 알아보는 데 본능적인 직감을 지니고 있다. 하지만 그렇다고 해서 그 직감이 틀리지 않는다는 보장도 없다.

양성 간의 이해 충돌이 생물학적 근거를 갖고 있고 따라서 이에 대한 근본적인 해결책이 없다고 하더라도 사람이 사는 곳은 문화에 따라 그 충돌의 범위가 규정되어진다. 캘리포니아대의 두 여성 생물인류학자인 모니크 보저호프 멀더(Monique Borgerhoff Mulder)와 크리스틴 리브 라우치(Kristin Liv Rauch)는 이를 다음과 같이 설명한다. 이것은 입장차의 문제라는 것이다. 선택권이 많은 자가 유리한 위치를 차지하여 더 큰 기회를 얻고 상대방의 희생을 바탕으로 자신의 목표를 달성한다. 남편의 수입에 의존하는 문화권의 여자들은 흔히 구속을 받는다. 이는 성문제에서만이 아니다. 하지만 여자가 경제적으로 자립하게 되면 자신의 입지를 확실하게 지킬 수 있게 된다. 남자가 노력을 하지 않거나 자신을 구속하려고 할 때 그녀는 떠난다.

심지어 유모차를 끄는 아빠와 워킹맘이 집안일을 평등하게 하는 가정에서도 분쟁의 씨앗은 숨어 있다. 그것은 타협의 문제이다. 양쪽은 이럴 때 대부분 무의식적으로 자신의 이익을 따르곤 한다. 최근 워싱턴대에서 4,500쌍의 부부를 설문조사한 바에 의하면, 전통적으로 여성의 영역이라고 여겨지는 가사 일을 하는 남편일수록 섹스 횟수가 감소했다. 이는 자상하고 충실한 남편을 둔 여성들이 침실의 일을 등한시하기 때문이다. 어차피 완벽한 남편이 이제 확보되었으니까. 반대의 경우로 남편이 결혼 후 부부관계에 투자를 하지 않는 일도 생긴다. 연애 시절 주말마다 이벤트를 마련하고 고급 식당에 초대하던 남자가 남편이 돼서는 관심이 줄어드는 것이다.

그리고 어느 순간 남녀의 성비가 불균형해지면 이들의 투자 상황도 다른 양상을 띠게 된다. 2003년에 시행된 연구에 따르면, 남성 인구가 여성 인구보다 1퍼센트 많아져서 여자가 상대적으로 드물게 되면 남편이 부인에게 월급으로 이체하는 액수가 연간 2,500달러 증가하는 것으로 나타났다. 사랑은 돈으로 살 수 없다고 한 사람, 누구야?

11

내 남자의
오이디푸스 콤플렉스

학교 동창 K가 어느 날 멋진 남자 R을 집으로 데려왔다. 그 이야기를 초고속 진행 비디오로 돌리면 이렇게 된다. 둘은 사랑에 빠졌다, 결혼했다, 애기를 둘이나 낳았다, 15년이 지난 지금도 같이 살고 있다. 비결이 뭔가? 아마도 둘이 서로 많이 닮았다는 이유일 것이다. 얼굴 형태, 눈매의 인상, 긴 속눈썹, 코 모양, 눈썹 모양 등이 너무 닮았다. 오빠와 누이라고 해도 믿겠다.

그런 부부들이 K와 R만은 아니다. 아마도 사람들은 무의식적으로 자신과 닮은 이성을 원하는 것 같다. 사람들은 키, 체형, 매력 포인트까지 자신을 닮은 파트너를 찾는다는 사실을 학문적으로 실험한 예는 수도 없이 많다. 무작위로 사진들을 쭉 펴놓고 비슷한 남녀 둘을 골라보라고 하면 실험자들이 부부 사진 둘을 집는 경우가 많았다. 심지어는 눈, 코, 입 따로 떼어놓고 부부를 고르라고 해도 제대로 맞추는 경우가 많았다.

베네수엘라 진화생물학자 클라우스 자페(Klaus Jaffe)의 실험에 의하면 인간은 소위 나르시스트적 알고리즘에 의해 파트너를 선택하는 것으로 나타났다. 자신의 형상에 관한 일종의 심리학적 계산인 것이다. 그것은 아마도 옳은 선택일 것이다. 여자 사진을 여러 장 놓고 가장 매력적인 여자를 고르라는 실험에서 남자들은 놀랍게도 포토샵 처리 과정에서 자신의 사진을 합성한 여자 사진을 골라냈다. 모든 다른 남자들이 가장 매력적인 여자라고 공통으로 선택한 여자보다 자신을 닮은 여자가 더 매력적이라는 견해였다.

동물 세계에서도 마찬가지 현상이 나타난다. 즉 동물들도 자기를 닮은 파트너를 매력적으로 느낀다. 최근에 이루어진 254종류 동물들의 파트너 선택 성향에 대한 연구에 의하면 - 나비, 개구리, 찌르레기에서 코알라까지 - 모든 종류의 동물들이(극소수의 예외를 제외한) 자신을 닮은 파트너를 선호하는 것으로 나타났다. 키, 몸무게, 신체 조건뿐만 아니라 점의 숫자, 목둘레 크기, 새의 관모 색깔, 날개의 길이 같은 구체적인 외모 사항에서도 닮은 짝을 찾아냈다. 예를 들면 코알라는 머리 크기가 같은 짝을 골랐고 세가락갈매기(black-legged kittiwake)는 발가락 길이가 똑같은 연인을 찾는다.

동형 교배(homogamy)는 - 파트너 선택에 있어 동종의 배우자를 택하는 것 - 많은 장점을 가지고 있다. 서로 닮은 파트너 사이의 부부관계는 매우 안정적이고 출산 과정에서 사산도 드물고 수정률도 더 높다. 파트너 간의 소통도 원활하고 협력심도

높으며 생존 및 번식 기회도 더 높다. 한마디로 훨씬 잘 맞는 것이다.

더 나아가서 우리는 외적으로 비슷한 것을 넘어서 '내적인' 즉 세포 차원에서의 닮은 경우를 원한다. 왜냐하면 외모가 닮은 사람들은 그렇지 않은 경우보다 유전적인 공통점이 더 많을 것이기 때문이다. 몇몇 학자들은 동물들이 친척들을 구분하는 천성적인 매커니즘을 타고 난다고 추정한다. 그런 매커니즘을 통해 교류를 할 것인지, 아닌지를 결정한다는 것이다.

예를 들면 얼룩다람쥐(chipmunk)는 같이 자라지 않은 경우라도 냄새로 누이를 구분해낸다. 낯선 동물에게서 누이나 형제의 냄새가 나면 공격적인 자세를 거둔다. 자연 세계에서 동물들이 친척이 아닌 동물보다 친척인 동물에게 호감을 갖는 예는 도처에서 볼 수 있다. 그리고 몇몇 학자들에 의하면 사랑의 파트너를 선택할 때 이런 유전적 친밀도가 큰 역할을 한다고 한다. 친족 간의 협력을 토대로 한 가족 유전자는 생활에 있어 더 큰 기회를 제공하곤 한다.

어떻게 본 적도 없는 먼 친척을 냄새로 알아내는가 하는 것은 의문이다. 연구에 의하면 그렇지 못한 것으로 나타났다. 사람은 주로 얼굴 모양에서 친척을 알아내는 것으로 판명됐다. 하지만 그것도 개연성이 없어 보인다. 우리의 원시인 조상이 거울도 없이 어떻게 자기 얼굴을 알았겠는가? 그들은 남과 비교할 수 있는 자신의 형상을 가지고 있지 않았다. 그것은 새도 마찬가지이다. 자신의 머리 모양을 닮은 파트너를 찾아낸다는데 자신의 머리 모양을 본 적이 있겠는가. 그리고 자신의 깃털이 어떻게 생겼는지 어떻게 아는가?

그렇다면 그것은 우리 자신을 투영하는 것이 아니라 다른 어떤 이상이 아닐까? 우리 자신과 우연치 않게 일치하는 어떤 것. 많은 학자들은 부모와의 경험들이 훗날 누구에게 끌리는지와 관계가 있다고 본다. 이를 생물학에서는 '성적 각인(sexual imprinting)'이라 부른다. 동물들은 보통 자신의 부모와 닮은 파트너를 찾는다. 새 중에 한 종류는 어미가 하얀 목덜미를 갖고 있으면 하얀 목덜미를 한 암컷을 찾고 어미가 회색 목덜미를 하고 있으면 회색 목덜미의 암컷을 찾는다고 한다.

사람도 마찬가지이다. 사랑의 첫 경험은 — 즉, 부모의 사랑 — 훗날 파트너 설정에 영향을 미친다. 헝가리의 어느 심리학 팀은 실험자에게 사진을 보여준 다음, 며느리와 시어머니를 짝을 짓게 했는데 대부분이 이를 맞췄다. 그 반대의 경우도 같은 결과였다. 닮은 사람들을 사위와 장인으로 맞게 골라냈다. 이 연구 결과를 보면 며느리와 시어머니, 사위와 장인 간의 닮은 정도가 부부 간의 닮은 정도보다 더 높았다. 즉, 우리는 나를 닮은 파트너를 고르기보다 나의 아버지나 어머니를 닮은 파트너를 선택한다는 것이다.

부부의 머리나 눈 색깔은 상관관계가 있다. 하지만 나의 파트너와, 나와 성이 다른 부모의 머리와 눈 색깔의 상관관계는 더 높다. 이를 다른 말로 풀어보면 나의 아버지가 푸른 눈을 가지고 있으면 내 미래의 남편도 푸른 눈일 가능성이 높다. 파트너의 나이도 마찬가지이다. 나의 부모가 상대적으로 늙은 편이면(내가 태어났을 때 30대 이상이었다면) 내 파트너도 역시 나이가 많을 가능성이 높다.

이런 선호도는 유전된 것이 아니라 학습된 것임을 다음 연구에서 보여준다. 수컷 얼룩무늬되새는 입양되어 성장했을 때 친어머니보다 양어머니를 닮은 암컷을 택한다. 이러한 성적 각인은 그 정도가 심해서 심지어는 다른 동물류를 택하기도 한다. 사람에 의해 양육된 수컷 매는 후에 자신의 조련사와 '짝짓기'를 하기도 한다. 조련사가 새를 부화시켜 키우고 싶으면 그는 특수 모자를 쓰고, 짝짓기 춤을 추고, 입으로 유혹하는 소리를 낼 수 있어야 한다. 매는 이에 성적으로 흥분하여 매 조련사의 모자에 올라타서 그곳에 정액을 쏟아낸다.

이러한 성적 각인의 학습 효과는 사람에게서도 발견된다. 양부모 밑에서 자란 여자는 양아버지와 닮은 남자를 택한다. 실험에 의하면, 실험 참가자들이 여권 사진을 보고 사위와 양부를 맞게 골라내는 것을 볼 수 있었다.

성격상의 닮은 점은 많이 연구된 바가 없고, 연구 결과도 일관성을 보여주지 못한다. 다만 성실한 시어머니를 둔 며느리는 마찬가지로 성실하다는 연구 결과는 있다. 그렇다면 남자는 엄마가 살림을 잘하면 살림 잘하는 아내를 얻고, 집 구석을 치우지 않는 엄마를 둔 남자는 아내 역시 그런 사람을 얻을 확률이 높다.

성이 다른 부모와 자녀와의 관계는 자녀의 결혼에 많은 영향을 미친다. 아버지와 딸의 관계가 돈독하면 그렇지 않은 경우보다 아버지와 미래의 남편이 닮을 가능성이 더 높다. 이는 유기체의 초년에 미래 파트너의 청사진이 각인된다는 방증이다. 아버지가 좋으면 아버지를 닮은 남자가 나타나면 그를 택할 가능성이 높고, 반대로 전혀 닮은 점이 없으면 선택될 가능성이 적다.

부모와의 관계가 나쁘면 의식적이든 무의식적이든 아주 다른 성향을 가진 파트너를 찾는다. 가장 힘든 경우는 자녀가 성이 다른 부모와 애증 관계일 경우이다. 애인이 복합적인 관계를 가진, 성이 다른 부모를 닮았을 경우, 청사진의 일부는 "네"라고 답하고, 또 다른 쪽은 "아니오"라고 크게 외친다. 어렸을 때 복잡한 인간관계를 가지고 자랐던 사람이 나이가 들어서도 복잡한 애정 관계를 갖는 것을 우리는 자주 보게 된다.

지그문트 프로이트(Sigmund Freud)의 '오이디푸스 콤플렉스(Oedipus complex) 이론'은 맞는 말일까? 사내아이는 무의식적으로 엄마를 좋아하고, 여자아이는 아빠를 좋아하나? 아마도 그럴 것이다. 하지만 진화론적으로 보자면 맞지 않는 부분도 많다. 우리가 그렇게 부모를 닮은 사람을 사랑한다면 왜 우리는 오빠나 누이를 사랑하지는 않는 것일까?

프로이트에 따르면 가족 간의 섹스(근친상간)는 사회적으로 용납되지 않기 때문에 부모에 대한 열망이 조절된다고 한다. 그보다 더 현실적인 이유로는 생물학적인 견지에서 나온다. 근친상간은 안정과 좋은 소통 환경을 약속하지만 건강 면에서 병약한 후손을 얻게 되며 수정률도 낮은 것으로 나타났다. 생물학자인 클라우스 자페는 파트너 선택은 언제나 균형의 문제라고 말한다. 가능한 닮은 파트너를 구하지만 가까운 친척은 제외시켜야 한다.

핀란드의 인류학자 에드워드 웨스터마크(Edvard Westermarck)는 1891년에 다음과 같은 현상을 처음으로 학계에 발표했다. 같이 성장한 사람들끼리는 성적인 감정에 대해 면역을 갖게 된다는 것이 그의 주장이다. 그래서 공동으로 성장한 사람들 사이의 성 억제 효과를 '웨스터마크 효과' 또는 '부정적 성적 각인'이라 부른다.

함께 성장한 사람들은 서로 성적인 감정을 일으키거나 후세 번식을 하려 들지 않는다. 자연의 섭리가 현명하지 않은가. 그래서 사람은 남자 형제나 여자 형제 또는 부모에게 성적인 관심이 없다. 더 나아가서는 그런 상상을 하는 것만으로도 거부감을 일으킨다. 성적인 각인으로 부모의 한쪽으로부터 청사진을 얻고 웨스터마크 효과로 근친상간을 막는다. 복잡하지만 상상할 수 없는 것은 아니다.

리비도(Libido, 성본능, 성충동)를 억제하는 이 효과는 대만의 민며느리 결혼 제도에서 그 증거를 찾을 수 있다. 양쪽 부모로 인해 중매된 미래의 어린 혹은 아기 신부는 미래의 신랑 집에서 자란다. 그런데 이 과정은 나중의 결혼 생활에 사형선고를 내리는 결과가 된다. 이런 부부는 나중에 결혼 생활 자체를 거부하거나, 이혼하거나, 외도가 심하거나, 자녀를 적게 낳는다. 여러 가정에서 온 같은 연령대의 자녀가 같이 생활하는 이스라엘 키부츠에서도 비슷한 상황이 전개된다. 키부츠 출신의 3,000명의 기혼자를 연구한 결과, 여섯 살 이전에 같이 생활한 사람과의 결혼은 한 건도 없는 것으로 나타났다.

어릴 때 6년이 비판적인 시기인 것으로 나타났다. 가족이 이 시기에 같이 살지 않다가 나중에 만나면 성적으로 강하게 끌릴 가능성이 높다. 인간도 땅다람쥐(gopher)처럼 친척을 인식하는 본능을 타고 나는 모양이다. 게다가 자기하고 닮기까지 하니 끌릴 수밖에 없다. 그리고 같이 살지 않았으니 웨스터마크 효과도 등장할 수 없다.

어떤 이유로든 생물학적 부모와 형제와 따로 성장한 자녀는 후에 우연히 만날 경우, 유전자의 성적인 끌림을 가질 수 있다. 그 결과는 매우 비극적이다. 두 사람은 다시 만났던 가족뿐만 아니라 사랑하는 파트너도 같이 잃게 된다.

남아프리카에서 몇 년 전에 결혼을 앞둔 커플이 자신이 남매 사이라는 것을 알게 되었다. 그들의 부모는 아들이 두 살이고 딸이 6개월일 때 이혼했다. 아들은 아빠와, 딸은 엄마와 살면서 서로의 존재에 대해서 모르고 있었다. 그들은 대학교에서 만나 곧바로 사랑에 빠지게 된다. 결혼을 결심하고 그들의 부모와 상견례를 하는 자리에서 그들이 친남매 사이라는 것을 알게 된다. 남아프리카에서는 남매 간의 결혼이 법적으로 금지되어 있다. 그것은 네덜란드와 독일에서도 마찬가지이다. 그들의 사랑은 강력한 근친상간의 벽을 넘을 수 없었다. 아기를 임신한 상태인 이 커플은 심한 충격을 받고 헤어지기로 결정했다. 아기가 건강하게 태어났는지는 알려지지 않았다.

12

질투가 심한 여자
Vs 바람기가 심한 남자

사랑은 항상 도박이기도 하다. 죽을 때까지 사랑하겠노라고 아무리 굳게 맹세를 해도 그 약속이 지켜질지는 알 수 없는 일이다. 그가 또는 그녀가 마음을 바꿀지도 모르는 일이다. 그리고 약속했던 것을 주거나 이행하게 될지도 알지 못한다. 사랑의 행운이 부분적으로 파트너에 달려 있는 것은 사실이다. 사랑의 문제에서 생기는 의혹과 불안은 이러한 종속 관계에 근거를 두고 있다. 연인 관계에서 어디까지 깊숙이 관여를 해야 하는가? 그나 그녀가 긴 안목으로 봤을 때 나에게 해주는 것이 무엇일까? 그를 또는 그녀를 믿을 수 있을까? 만약에 파트너가 배신했을 때에도 계속 투자를 해야 하는가?

우리 같은 평범한 사람들은 이런 고민이 있을 때 친구나 엄마 또는 심리상담사에게 얘기하곤 한다. 하지만 생물학자나 심리학자들은 이럴 때 학문적인 사고 모형에 눈을 돌린다. 그래서 사랑을 비용 – 효율 – 분석에 맡기게 된다. 사람이나 동물이 타자의 결정에 의존하는 상황에 도달할 때 어떻게 결정을 내리는가 하는 게임 이론이 있다. 게임 이론이라는 학문적 모델을 적용하여 이러한 종속 상황에서 – 이성적으로 볼 때 – 최상의 결정을 내리는 데 참고하는 모델이다.

사랑은 게임 이론에 따르는 일종의 게임으로 볼 수 있다. 두 파트너가 각각의 꿈을 실현하기 위해 서로를 필요로 하는 게임인 것이다. 이 상황은 2002년 네덜란드 TV쇼에서 방영된 〈나눌까, 나누지 말까〉라는 프로그램과 비교할 수 있다. 이 게임에서는 서로 알지 못하는 두 사람에게 일정한 금액을 딸 수 있는 기회가 주어진다. 이때 두 사람은 상금을 나눠 가질 것인지 아닌지를 결정해야 한다. 만약에 두 사람 다 나누겠다고 결정하면 각각 절반의 금액을 받게 된다. 참가자들은 모두 그것에 동의한다.

그런데 만일 그 중 한 사람이 약속을 깨고 나누지 않겠다고 결정하면 그 배신자는 전 금액을 혼자 타 가지고 집으로 갈 수 있다. 그리고 만약에 두 사람이 모두 나누지 않겠다고 나오면 둘 다 빈손으로 가야 된다. 이런 결정 과정은 물론 가려진 버튼을 누르기 때문에 상대방은 알지 못한다. 그러니까 상대방이 약속을 지켰는지는 알 수 없다.

어려운 게임이다. 두 참가자는 서로 자신을 신뢰하게끔 상대방을 설득하려고 노력한다. "나는 분명히 당신과 나눌 것입니다. 정말입니다. 약속합니다.", "네, 나도 마찬가지입니다. 그래야 우리 둘 다 돈을 받아 가지요. 우리가 이 돈을 그냥 여기에 두고 간다는 것은 죄악이지요." 이런 약속들이 두 참가자들 사이에서 오가곤 한다.

사랑도 이와 마찬가지라고 생물학자들은 말한다. 나누겠다고 언약을 한다. 항상 곁에 있어 주고 기쁠 때나 슬플 때나 고락을 함께 하겠다고 약속한다. 하지만 파트너가 약속을 어길 가능성은 항상 존재한다. 이런 경우 어떻게 하는 것이 가장 좋을까? 어떤 버튼을 누를까? '나눈다?' 아니면 '나누지 않는다?' 게임 이론에서는, 배신하고 '나누지 않는다' 버튼을 누르는 것이 유리하다고 예고한다. 위의 게임 쇼에서 나눈다 버튼을 누르면 금액의 절반을 받을 확률이 50퍼센트이지만 나누지 않는다 버튼을 누르면 전액을 받을 확률이 50퍼센트가 된다. 간단한 논리이다. 물론 냉혹하기는 하지만. 그래서 TV쇼에서는 약속을 깨고 나누지 않기로 결정하는 참가자들이 주기적으로 나타난다.

남녀 관계에서도 마찬가지로 약속을 깨고 자신의 이익을 좇는 배신자 쪽이 가장 큰 이득을 얻는다. 예를 들면 여러 여자에게서 자식을 낳고 양육이나 교육은 나 몰라라 하거나 집에서는 더러운 빨랫감만 내놓고 딴 여자에게는 애교를 떤다. 어떤 결혼도 배신을 약속하지는 않는데도 그런 일이 주기적으로 발생한다.

TV쇼에서와 마찬가지로 사람이든 동물이든 우리 모두는 본능적으로 자신의 이익은 극대화하고 거는 돈은 최소화하려고 한다. 실제로 동물 세계에서는 양쪽 파트너가 '나눈다'로 결정하고 최대한 이익을 포기하는 경우는 드물다. 동물 세계에서는 혼자 애를 키우는 엄마들(곰, 암탉, 오랑우탄)과 혼자 애를 키우는 아빠들(메기, 에뮤, 뿔개구리)과 부모로부터 버림받은 고아들(조개, 달팽이, 거북이)이 득실거린다. 일부는 자식을 입양시키기도 한다. 예를 들면 뻐꾸기는 자신의 알을 남의 둥지에 낳는다.

하지만 '나눈다'로 결정하고 사랑이라는 덧없는 것을 위해 자신의 욕구를 젖혀놓는 생물체들도 있다. 예를 들면 많은 사람들은 그런 욕구가 있어도 다른 사람과 섹스를 하지 않기로 결정한다. 아니면 저녁에 친구들하고 한잔하고 싶어도 시부모나 장인장모를 방문하곤 한다. 하지만 왜 우리가 그래야 하는가? 그것은 얼핏 보기에 냉정한 자연의 계산법에 어긋나는 것으로 비쳐진다.

2001년 미국의 진화생물학자인 데이비드 버래시(David Barash)와 주디스 립턴(Judith Lipton) 부부는 《일부일처제의 신화(The Myth of Monogamy)》라는 책을 출간했다. 이 책에서 그들은 수십 번의 연구를 통해 일부일처제는 동물 세계에서 희귀한 경우임을 강조하며 따라서 인간은 자연에 역행하고 있을 수도 있다고 주장했다. 1977년 결혼한 이 부부는 이 우울한 책을 출간한 것을 후회했다는 말을 했다고 전해진다. 그래서인지 그들은 2009년 새 책을 출간하여 ─ 동물 세계에서는 희귀한 ─ 일부일처제가 인간에게는 가능하다는 것을 자세히 설명한다. 그리고 조화로운 공동생활을 하기로 결정한 사람에게는 그것이 아주 자연스러운 현상이 된다.

최대한의 이익을 버리고 나누기로 결정하는 일은 반드시 어리석은 것은 아니다. 이 말은 약간 모순인 것처럼 들릴지 모르겠으나 여기에는 게임 논리적인 설명이 가능하다. 같은 두 참가자가 계속 반복해서 게임을 진행하면 전략이 바뀐다. 게임을 한 번만 하고 끝낸다면 나누지 않는 것이 이득이 된다. 한 번 속은 사람은 또다시 속기 싫어서 앞으로는 자기 쪽에서 속이기로 결정하게 된다. 하지만 양쪽에서 서로 자신에게만 유리하게 선택을 하게 되면 결국은 둘 다 모든 것을 잃게 된다.

관계라는 것은 진정한 의미에 있어서 주고받는 것이고 나눔과 나누지 않는 게임의 연속이다. 같은 게임 참가자들 사이의 반복되는 상호작용인 것이다. 만약에 두 사람이 자신의 이익만을 추구하면 — 속이고, 배신하고, 파트너를 마음대로 주무르고, 상대방에게 희생을 강요하고 — 자신에게 돌아오는 것은 냉담함, 소외감, 고독뿐이다. 그렇게 되면 우리는 배신과 이기주의의 차가운 늪에 빠져 헤어 나올 수 없게 된다. 우리의 자녀들도 조개나 달팽이, 거북이처럼 홀로 생존할 수밖에 없다. 동물의 새끼들과는 달리 그들은 아마도 살아남지 못할 것이다. 우리는 모두 빈손으로 집으로 가게 된다.

그래서 동물 중에서도 최대한의 이익을 포기하는 경우가 있다. 수달과 프레리들쥐(Prairie vole)와 일부 인간들은 자신이 양보하고 희생하면서 모험 대신 안정, 정직, 만족을 얻는다. 그 결과 평등을 기초로 하는 관계가 형성된다. 두 게임자들은 같이 나누기로 결정한다. 즉 배신하지 않고 공동으로 자녀를 양육하면서 고락을 함께하기로 한다.

둘 중 아무도 100퍼센트를 얻지는 못하지만 둘 다 절반을 얻고 행복해한다. 실제로 그렇다. 진화생물학자인 버래시는 그의 두 번째 책에서 일부일처제를 더 이상 신화라고 부르지 않고 기적이라고 표현한다.

그럼에도 불구하고 남녀관계는 계산 게임이라고 할 수 있다. 단점보다 장점이 많은 한, 파트너 옆에 남는 것이 유리하다. 이 말은 별로 낭만적으로 들리지는 않는다. 하지만 대부분의 동물들은 다른 옵션이 없기 때문에 원칙을 고수하는 것이다. 멋있는 이성은 어차피 드물고 설령 있다 해도 접근이 어렵다. 차갑고 어두운 심해에 사는 빨간씬벵이(frogfish)는 암컷을 찾는 것조차 힘들어서 일단 한번 찾으면 무조건 붙어서 죽을 때까지 떨어지지 않는다. 큰가시고기 암컷을 거친 물결 속에서 실험한 결과, 수컷을 찾아가는 여정이 너무 힘드니까 절대로 돌아보지 않던 근처의 수컷을 그냥 선택했다.

생활환경이 악화될 때도 동물들은 더 많이 짝을 이룬다. 회색마못쥐는 주위에 식량이 넉넉지 못하면 일부일처제가 된다. 찌르레기도 마찬가지이다. 생활공간이 아래에 위치하면 식량이 풍부하니까 많은 암컷을 거느리다가 높은 곳에서 살면 한 쌍이 붙어산다. 찌르레기는 개체수가 많고 식량이 넉넉한 곳에서는 외도하는 비율이 훨씬 더 높게 나온다. 오랫동안 행복한 부부생활을 하고 싶다면 모든 종류의 유혹이 도사리고 있는 대도시를 피해야 할 것이다.

희생을 하고 스스로를 낮추는 데는 자신의 역량 또한 하나의 큰 변수가 될 수 있다. 동물들도 사람과 마찬가지로 어떤 파트너가 자신의 처지에 맞는지를 잘 알고 '같은 리그' 내에서 짝을 고른다. 수컷이 기생충이 많으면 상대를 하지 않는 암컷 물고기들도 자신이 감염되었을 때는 같은 처지의 수컷을 고른다. 그래서 이 스토리의 교훈은 결국 무엇인가? 자신의 처지와 비슷하고 모자란 점도 비슷하게 많은 파트너를 고르는 것이 가장 현명한 선택이라는 것이다.

안정되고 안락한 가정을 택하는 것이 어디까지나 옳은 선택이다. 열정적인 유혹의 삶을 사는 것보다 짝을 이뤄서 조용히 사는 것이 무난하고 안락한 삶이 된다. 나눔 쪽을 대변하는 또 한 가지의 논지가 있다. 연애를 하면 시간과 돈 그리고 에너지가 낭비된다. 게다가 외도를 하려면 거짓말도 하고 사기도 쳐야 하고 위험도 크다. 동물들은 이런 모험을 하다가 성병에 걸리기도 하고 질투가 난 파트너에게 맞아서 부상을 입기도 한다.

질투심과 라이벌 의식 현상이 파트너를 묶어두는 방법이 되기도 한다. 마드리드 자연과학박물관 소속 생물학자가 찌르레기를 가지고 한 재미있는 실험에 의하면, 자신의 짝과 여러 마리의 암컷들 사이에서 결정해야 하는 순간에 수컷이 짝을 선택하는 경우가 더러 있었다. 자세히 관찰한 결과, 그런 찌르레기의 암컷은 성격이 매우 포악한 것으로 나타났다. 그 포악성은 수컷을 향한 것이 아니고 라이벌을 쫓아내기 위한 것이었다.

질투가 심한 여자들은 결투라도 할 기세를 보이며 라이벌을 몰아내서 남자는 결국 얌전히 마누라 곁에서 사는 수밖에 없게 되는 것이다. 나누는 것이, 즉 짝에게 성실하고 오랜 파트너십을 유지하는 편이 어쩌면 훨씬 합리적이라는 설명이 가능하다.

사랑을 계산 과제로 다루고, 비용과 이윤을 따지는 게임으로 보고, 학문적 이론으로 분석하는 것이 낯선 이들도 있을 것이다. 아마도 당신은 대책 없는 로맨티스트라서 사랑의 관계가 기회, 이윤의 극대화, 진화적 장점으로 축소되는 것이 못마땅할 수도 있다.

그런 당신을 약간 안심시키는 연구 결과도 있다. 게임 이론을 신봉하는 학자들도 자신의 이론이 적용되지 않는 사례를 경험하곤 한다. 로테르담의 경제학자인 마틴 반 덴 아셈(Martijn van den Assem)과 동료들이 영국판 〈나눌까, 나누지 말까〉 게임쇼를 분석한 결과 과반수 이상의 참가자들이 나눔을 선택했다. 이는 게임 이론의 예측과 부합하지 않는 결과이다. 아셈은 '경제적인 이유가 아닌 다른 이유'가 있을 것이라는 결론을 내렸다.

참가자들이 나눔에 찬성하거나 반대하는 것은 개인적 요인에 따른 것으로 보인다. 20세 전후의 남성들이 가장 비협조적이었고 46세 이상은 여성보다 더 나눔에 협조적이었다. (이것은 연애 문제와 같다. 젊은 남자들이 늙은 남자들보다 이기적인 선택을 할 확률이 높다는 것은 이상할 것이 없다)

우리가 인생에서 행하는 결단이 반드시 합리적으로 설명되는 것은 아니다. 사랑이 특히 그렇다. 이미 금이 간 사랑에 매달리는 사람들을 많이 볼 수 있다. 상대방이 언제나 자신만의 이익을 주장하는 상황에서도 계속 상대방을 위해 희생하고 투자하는 사람들도 있다. 아주 많은 멋진 사람들이 그런 이기적인 건달에 매달려 사는지를 볼 수 있다. 우리가 약속을 지킬 것인가를 결정하는 데는 문화적인 도덕관도 큰 역할을 한다. 그러면 신뢰의 문제는 어떤가? 많은 사람들은 불신 때문에 나눔으로 결정하지 못하고 다른 사람들은 이와는 반대로 순진하게 많은 것을 내어준다. 신뢰에 관한 개인적인 사랑과 인생의 경험은 데이터로 분석하기 어려운 분야이다. 사랑이 계산 게임이라면 그것은 엄청나게 복잡한 계산일 것이다. 그것은 생물학자에게는 나쁜 것이다. 하지만 로맨티스트에게는 좋은 것이다.

13

젖소에게도
친구가 있을까

헤어와 엘링턴은 항상 붙어 다닌다. 이 두 우간다 침팬지들은 하루 종일 같이 밀림을 쏘다니며 같이 사냥하고 같이 먹이를 나눠 먹는다. 그 중 하나가 누구랑 싸우면 나머지 하나가 나서서 도와준다. 그들은 항상 곁에 앉아 있다가 상대가 보이지 않으면 서로 목소리를 높여 부른다. 이런 두 수컷의 관계를 미국 영장류학자인 존 미타니(John Mitani)는 진정한 우정이라고 칭했다.

동물 간에도 진정한 우정이 있단 말인가? '우정'이라는 단어는 행동생물학에서 오랫동안 금기시였다. 그리고 이 개념을 동물에게 적용하기에는 그 단어가 너무 인간적이라고 생각하는 학자들도 많았다. 만약에 동물들이 서로 친하게 지내면 학자들은 그들이 가족 관계라고 추정한다. 가족 간의 끈은 생존 기회 면에서나 유전적으로나 번식 면에서도 유익한 것이다. 예를 들면 코끼리 가족의 암컷들은 서로 끈끈한 관계를 유지한다. 언니와 여동생 관계나 엄마와 딸 관계는 오래 유지된다. 그들은 힘들 때 서로 돕곤 한다.

그럼에도 불구하고 지난 몇 년간 가족이 아니면서도 동종과의 사회적 유대를 지속하는 동물들의 자료가 점점 쌓여가고 있다. 코끼리를 시작으로 기린에서 비비원숭이와 까마귀까지. 우간다에서 28마리 침팬지 수컷을 오랫동안 연구한 결과, 그 중 26마리가 한 마리 이상의 수컷과 5년 이상 친구

관계를 유지한 것으로 나타났다. 대부분의 원숭이들이 가족이 아닌 다른 수컷과 친밀한 관계를 가지고 있는 것이다. 헤어와 엘링턴도 그 예이다. 근간에는 학자들 사이에서도 '우정'이라는 말을 사용하곤 한다. 그들은 동물들의 우정이 인간들의 경우와 다르지 않다고 주장한다.

하지만 동물은 자기들이 친구사이라는 것을 어떻게 알까? 그들도 인간과 마찬가지로 같이 지내는 것이 그냥 좋은 것이다. 스코틀랜드 학자가 최근 55마리의 당나귀를 관찰한 결과, 그들 중 42마리가 서로 강한 호감을 갖고 있었다고 한다. 친한 당나귀들은 특히 풀을 먹을 때 가까이에 있었다. 당나귀도 누가 자기 친구인지 정확히 알고 있다. 스코틀랜드 학자가 모르는 당나귀, 막연히 아는 당나귀, 친구 당나귀를 놓고 선택하게 했을 때 모든 당나귀들이 예외 없이 자신의 친구 옆으로 가서 섰다.

노스햄튼대에서 진행된 실험에서는 젖소들도 여자 친구를 두고 있는 것으로 나타났다. 암컷 소들은 실험을 위해서 30분 동안 격리되었다가 혼자 두거나, 모르는 소와 같이 있거나, 친한 소와 같이 두거나 해서 비교를 해보았다. 친구와 함께 있을 때는 심박수와 혈액 속의 스트레스 호르몬 지수가 현저히 떨어졌다. 하지만 이들을 다시 떼어놓으면 스트레스 지수가 훨씬 높아졌다.

두 개체가 서로 곁에서 시간을 보내는 것만이 동물의 우정에서 중요한 것은 아니다. 이 친구들은 서로 스킨십을 하는 것을 좋아한다. 마카카원숭이들은 서로 기대거나, 팔로 껴안거나, 이를 잡아주는 것을 좋아한다. 젖소와 말은 서로 머리를 비비거나, 혀로 핥을 수 없는 곳을 서로 핥아주곤 한다. 까마귀와 구관조는 친구의 깃털을, 흡혈박쥐는 털을 닦아주곤 한다.

친구들과는 소통이 원활하며 행동도 서로 따라하며 서로를 잘 챙긴다. 네덜란드의 아메르스포르트(Amersfoort) 동물원과 버거스(Burgers) 동물원에 사는 침팬지들은 비슷한 성격의 친구를 사귄다. 용감한 녀석들은 그들끼리 서로 알아보고, 수줍은 성격들은 그들끼리 모이고, 사교적인 친구들은 그런 원숭이들과 어울린다.

동물은 자기가 선호하는 타입을 골라서 친구 관계를 맺는다. 하지만 진정으로 무조건적인 이타적 우정이 그들에게 존재하는 것일까? 동물의 우정은 자신에게 이득이 되는 경우에만 해당한다고 추측되어 왔다. 이런 상호주의 원칙은 - 네가 나를 도우면, 나도 너를 돕는다 - 생물학에서는 이미 뿌리내린 개념이다.

네덜란드 행동생물학자 요르크 마슨은 2010년 마카카원숭이 간의 우정 연구로 박사 학위를 취득했다. 그는 원숭이들의 상호주의를 연구했다. 한 원숭이가 아침에 친구의 이를 잡아주면, 그 친구는 바로 그날에 친구가 싸울 때 편을 들어주느냐? 마슨은 그들이 그렇게 계산적이지 않았다고 말한다. 마카카원숭이는 친구 사이에 매우 관대하다. "사람도 마찬가지이지요"라고 마슨이 나에게 말했다. 나는 그때 그의 연구센터를 방문했었고 그는 원숭이를 관찰하고 있었다. "내가 술집에서 돈이 없으면 친구가 당연히 돈을 내주지요. 모르는 사람에게는 그렇게 하기가 쉽지 않지요. 우정은 오래 유지되는 것입니다. 상대방이 오랫동안 투자하지 않아도 개의치 않는 관계입니다."

동물들이 이기심 없이 친밀하게 행동하는 것, 즉 나중에 돌려받겠다는 계산을 하지 않는 것을 보면 자연적으로 이런 정신의 매커니즘이 발달한 것으로 보인다. 두 친구가 궁극적으로 오랫동안 주고받는 것을 따지지 않아도 우정 어린 관대한 자세는 그들에게 이익을 가져다준다. 요르크 마슨과 그의 동료들은 사회적 동물은 일반적으로 무조건적인 우정을 맺고 자신이 친구에게 베푼 것을 일일이 기억하지 않는다고 한다. 이러한 교제는 무엇보다 상대를 향한 그들의 감정을 바탕으로 하고 있다.

동종 사이에 계산적인 교제를 하는 동물은 인간이 유일하다고 학자들은 말한다. 그들의 의견에 따르면 이는 사람이 다른 동물과는 달리 아주 많은 타인과 섞여 살기 때문인 것으로 본다. 타인이나 잘 모르는 사람과의 교제에는 절대적인 상호주의 원칙이 적용된다.

왜냐하면 모르는 사람을 믿을 수 있는지 또는 그가 나를 이용해 먹을지 누가 알겠느냐? 친절하게 대하면 상대방에게서 얻을 것이 생기지 않겠는가? 동물은 그렇게 '생각하지' 않는다. 왜냐하면 그들은 모두 한 무리의 일원이고 그래서 – 좋든 나쁘든 – 서로 어떤 관계가 형성되어 있기 때문이다. 좋거나 나쁜 관계를 토대로, 누구를 도울 것인지 아니면 돕지 않을 것인지, 누구와 먹이를 나눠먹을지, 누구랑 같이 시간을 보낼지를 결정하게 된다.

우정은 – 무조건적이고 순수한 감정에 기초하는 – 많은 여러 종류의 사회적 동물들에게 나타나는 현상이다. 그러면 그 사실이 우리에게 시사하는 점은 무엇인가? 남들과 같이 시간을 보내는 것은 생존 경쟁 면에서 볼 때 큰 의미가 없는 것처럼 보인다. 하지만 그렇지 않다. 매우 중요하다.

자신의 생존을 위해서 친구는 절대적으로 중요하다. 몇년 전 모로코 아틀라스 산맥에 혹독한 한파가 몰아 닥쳤다. 엄청난 눈으로 인해 땅은 오랫동안 얼어붙었다. 그곳에 살고 있던 베르베르 원숭이(북아프리카 산 꼬리 없는 원숭이) 47마리 중 30마리가 굶거나 얼어 죽었다. 살아남은 17마리의 원숭이들은 서열이 높은 층의 원숭이가 아니라 사회적 네트워크가 가장 큰 그룹이었다. 그들은 아마도 서로 부둥켜안고 추위를 견디며 같이 먹이를 찾아다녔을 것이라고 영국과 남아프리카 학자들은 추정한다.

혼자보다 여럿이 같이할 때 더 많은 것에 도달할 수 있다. 서로를 믿는 친구들끼리라면 먹이를 찾고 적을 물리치는 데 더 유리하다는 것이 여러 연구에서 나타나고 있다. 하이에나는 라이벌보다 친구와 함께 있을 때 문제를 더 잘 해결한다. 침팬지, 마카카원숭이, 까마귀는 서로 돕거나 싸움이 있을 때 서로 방어해주거나, 먹이 찾기에 동참하거나, 사냥감을 나누어 가지거나 한다. 그렇게 해서 결국은 각자에게 이득이 돌아간다.

만약에 암컷과 수컷이 서로 친구가 된다면 그것도 각자에게 득이 되는 행위가 된다. 교미기가 되면 마카카원숭이 암컷과 수컷들 사이에는 많은 친구 관계가 생겨나는데 이것은 서로에게 이득이 되는 행위이다. 수컷은 암컷의 이를 잡아주거나 암컷의 새끼를 돌봐주다 교미의 기회를 잡을 수 있다. 암컷은 그와 반대로 수컷 친구가 생기면 자신과 자신의 새끼를 포악한 수컷으로부터 보호받을 수 있다.

남자들의 진정한 우정은 종종 더 높은 목표를 달성하기도 한다. 예를 들면 암컷에게 선택될 확률을 더 높일 수도 있다. 오스트레일리아 돌고래는 2~3마리가 팀을 이루어 수년 동안 같이 돌아다닌다. 그러다 숙녀들이 많은 곳에서는 싱크로나이즈 수중발레를 선보이며 여자들의 환심을 산다.

여자들의 우정도 서로에게 이득을 준다. 암컷 비비원숭이는 많은 여자 친구들이 함께 새끼를 키우는데 이는 친구가 별로 없는 암컷보다 훨씬 효율적이다. 야생 암말도 사회적 네트워크가 좋을 경우 그렇지 않은 경우보다 더 많은 새끼를 낳는다. 왜 그런지는 생물학자들도 정확히 알 수 없지만 스트레스 때문이 아닌가 하는 추측이다. 즉, 우정이 스트레스를 해소한다는 것이 그 이유가 될 수 있다.

고독은 스트레스를 유발한다. 그와는 반대로 친구와의 교류는 안정을 가져다준다. 원숭이들은 싸움이 있은 후에 서로를 위로한다. 비비원숭이를 연구한 결과, 그들은 격려를 받은 후에는 다른 동료들보다 덜 쥐어뜯거나 긁어댔다. 친구가 없는 비비원숭이들이 스트레스에 더 취약하다는 방증인 것이다. 친구는 좋은 느낌을 준다. 그것은 동물들도 마찬가지이다. 이러한 좋은 느낌은 심지어 생존에도 중요한 요인이 된다. 친구가 많은 비비원숭이는 친구가 없는 동료보다 수명이 훨씬 길었다고 미국의 인류학자인 조앤 실크(Joan Silk)는 밝히고 있다.

원숭이학자인 로버트 세이파스(Robert Seyfarth), 도로시 체니(Dorothy Cheney)와 조앤 실크는 무리에서 높은 서열을 가지는 것보다 좋은 사회성을 가지는 것이 건강과 후손 번식에 있어서 성공을 가져다준다고 밝힌다. 하지만 누구나 네트워크에 알맞은 것은 아니다. '친절한 비비' 스타일은 거의 모든 무리의 동료들과 교류하는 부류로 가장 안정적인 관계를 유지한다. '내성적인 비비' 스타일은 네트워크 범위가 그보다는 좁지만 안정적인 친구 관계에 관심이 많았다. '외톨이 비비' 스타일은 새끼가 없는 아가씨들에게만 관심을 보이고 안정적인 친구 관계가 없다. 친절하고 사회성이 높은 원숭이는 기대 수명도 높고 새끼도 가장 많이 낳았다. 고독한 원숭이는 혈중 스트레스 지수가 제일 높고 후손도 가장 적었다.

사람과 마찬가지로 동물도 좋은 친구들을 가지고 있을 때 가장 번성한다. 그리고 그들도 영혼의 동반자로서 친구를 잃을 때 슬픔을 느낀다. 2002년 엘링턴이 죽자 헤어와 엘링턴의 우정은 끝났다. 원숭이 무리에서 좋은 사회성을 보이던 헤어는 수 주 동안 구석에 처박혀서 아무도 만나지 않았다. 아무도 죽은 친구를 대신할 수는 없었다.

14

동물과 육체적으로
결합할 수 없다고 해도

아주 우스꽝스러운 모습이었을 것이다. 수단의 농부인 알리피는 밤에 마을 청년 톰베가 염소에게 올라타는 것을 보았을 때 놀라 자빠질 뻔했다. 알리피는 소리를 질렀고, 놀란 톰베는 염소에서 떨어졌고, 알리피는 그를 묶었다. 원로

회의가 열렸지만 마을 사람들은 경찰은 부르지 않기로 하고 그에게 자체적으로 가혹한 형벌을 내렸다. 톰베에게 염소와 결혼하라는 명령을 내린 것이다.

동물과 섹스를 하는 사람이 있는 것은 사실이다. 거기에는 여러 가지 이유가 있을 수 있다. 호기심이라든지, 인간 섹스 파트너가 없다든지, 강한 성 충동 때문이라든지, 편리성(염소는 유혹할 필요도 없고, 돈을 줄 필요도 없고) 때문이라든지, 또는 드물지만 진짜 사랑해서라든지.

마지막의 경우는 예외일 것이다. 인간은 염소를 사랑하게 되어 있지 않으므로 염소하고 결혼하고 싶은 사람은 아무도 없을 것이다. 그런데 안 되는 이유는 뭘까? 톰베와 염소가 행복한지 아닌지 어떻게 아는가? 서로 좋은 관계를 유지하고, 하모니를 이루고, 싸우지도 않을지 누가 아느냐? 둘이 포기해야 할 것은 단 하나, 자녀가 되겠다. 염소와 사람은 유전자가 너무 다르기 때문에 자녀를 가질 수가 없다. 그래서 사람은 염소와 결혼하지 않는다. 우리는 대를 이을 수 있는 존재를 사랑하게끔 되어 있다. 즉 우리와 유전적으로 매

우 닮은 존재를 사랑하게끔 되어 있다. 유유상종이라는 말
이다.

두 생명체가 너무 다르면 건강한 자식을 낳을 수 없다. 생
물학에서는 건강한 자손을 가질 수 있느냐, 없느냐가 동물
류를 구분하는 지표가 된다. 건강한 자손이 태어날 수 있으
면 같은 동물류에 속하게 된다. 하지만 그것이 그렇게 분명
한 것은 아니다.

서로 다른 동물류 사이의 후손들은 대부분 얼마 살지 못
하지만 간혹 건강한 새끼도 나온다. 이런 '잡혼' 사이에 소위
교배종이 태어난다. 우선 가장 흔한 예로 '깁(geep)'을 들 수
있는데 이는 양과 염소의 교배종, 즉 염소 난자와 숫양 정자
간의 수정이다.

교배종들은 대부분 인간의 조작으로 생겨난다. 결과물이
독특한 동물류들이 이종교배 되기도 한다. 예를 들면 몸의
절반에 얼룩무늬가 나타나는 제브로이드(zebroid, 얼룩말과 말
의 교배종)가 그렇다. 일을 잘하는 노새도 그렇다. 같은 동물
우리나 수족관, 아니면 들판에 같이 사육을 하려고 여러 동

물류를 풀어놓으면 그런 일이 생기기도 한다. 갇혀 있는 동물이 발정하면 비슷한 동물류를 착각하는 수도 있다.

교배종의 이름을 지을 때는 아빠의 이름을 앞에 놓고, 엄마의 이름을 뒤에 붙인다. 예를 들면 호랑이와 사자의 두 교배종은 라이거와 타이곤으로 구분한다. 얼나귀는 (얼룩말+당나귀), 울핀은 (돌고래+고래), 피즐리(pizzly)는 (북극곰+그리즐리곰)이다. 얼룩말과 말의 교배종은 에클리제(Eclyse), 당나귀와 말의 교배종은 노새라고 불린다. 교배종은 번식 능력이 없어서 대를 잇지 못하는데 희귀하게 2세를 낳는 경우가 있다. 동물원에서는 드물게 라이거와 타이곤이 2세를 낳곤 하는데 이는 각각 라이-타이곤, 타이-타이곤, 라이-라이거, 타이-라이거라 불린다. 그렇다 하더라도 사자와 호랑이는 서로 다른 동물류이다. 이들이 같은 구역 내에서 자연적으로 교미하는 일은 생기지 않는다. 게다가 2세인 라이거와 타이곤은 유전적으로나 건강상으로나 병약하게 태어난다.

자연 상태에서 동물들은 자기가 어떤 동물류와 교미해야 하는지를 잘 알고 있기 때문에 교배종이 생겨나지 않는다.

교배종을 살펴보면 대부분 유전자가 매우 비슷한 것을 알 수 있다. 그렇다면 사람은 어떤가? 사람은 어떤 동물과 교배가 가능할까?

염소와 사람은 2세를 가질 수 없다. 학자들은 사람이 침팬지 또는 보노보와의 사이에서 2세를 가질 수 있다고 한다. 두 유인원의 DNA는 인간의 DNA와 98~99퍼센트 일치한다. 이는 말과 당나귀의 유전자 일치 정도가 된다. 이 둘 사이에는 일 잘하는 노새라는 2세가 이미 존재한다.

유명한 생물학자인 스티븐 제이 굴드(Stephen Jay Gould)는 만약에 사람과 원숭이 사이에 교배종이 생겨난다면 이는 상상할 수 있는 한 '가장 재미있고, 가장 윤리적으로 수용할 수 없는 실험'이 될 것이라고 언급했다. 이러한 이종교배는 현실적으로 갖가지 문제를 야기하게 될 것이다. 예를 들면 이런 원숭이와 인간의 교배종에게는 어떤 권리와 의무가 주어져야 하는가? 2013년 말에 침팬지 토미를 미국 법에 의해 사람의 자격을 주어 그를 격리, 감금으로부터 풀어주어야 하느냐는 것에 대해 열띤 토론이 있었다. 그리고 반인반수가 범죄를 저질렀을 때 이를 어떤 법적 근거로 처리해야 하는가?

아직까지는 침팬지와 사람 사이의 이종교배는 일어나지 않았다. 이를 시도하려는 학자들은 있었다. 네덜란드 생물교사인 헤르만 모엔스(Hermann Moens)는 1908년에 콩고에서 고릴라와 침팬지에게 아프리카인의 정자를 투입하는 실험을 목적으로 모금 운동을 위한 책자를 발간한 적이 있다. 요즘은 인간과 원숭이의 유전자가 거의 일치한다는 것을 다들 알고 있지만 모엔스와 그 시대 사람들은 백인보다 아프리카인이 유인원과 더 가깝다고 생각했다. 아프리카인의 정자를 사용하면 성공할 확률이 높을 것이라고 그는 확신했다.

유인원과 수정이 성사되면 인간이 원숭이로부터 나온 것임이 증명된다는 것이다. 모엔스는 심지어는 빌헬미나 여왕으로부터 재정적 후원을 받기도 했다. 하지만 그는 끝내 모금에 실패했다. 그가 여왕에게 자신의 계획을 일부만 공개했기 때문이다. 여왕은 그가 여러 종류의 원숭이들을 교배하는 것으로 알고 그렇다면 매독을 치료할 수 있는 해결책이 있을 것으로 생각했다(그녀의 남편인 헨드릭 왕자는 매독을 앓고 있었다).

모엔스보다 조금 더 유명한 러시아 생물학자는 '세상에서 가장 불확실한 실험'을 시작했다. 일리아 이바노프(Lljia Ivanov)는 인공 수정의 전문가로, 여러 종류의 동물 교배를 최초로 시도한 사람에 속한다. 그는 이미 당나귀와 얼룩말의 교배종을 탄생시켰고 젖소와 유럽들소, 영양과 쥐, 쥐와 모르모트의 교배에 성공한 바 있다. 원숭이와 인간의 교배종은 다음 차례였던 것이다.

그는 1924년 유명한 연구기관인 파리의 파스퇴르 인스티튜트(Pasteur Institute)의 허가를 얻었고, 이어 프랑스령 기니(서아프리카)의 원숭이 연구센터의 실험실을 이용하기로 했다. 그는 3년 후 실제로 침팬지 난자와 인간 정자를 수정하는 데 성공했다. 하지만 원숭이가 임신하는 데는 실패해서 그에게 실망을 주었다.

이 실패가 있은 후 그는 실험을 반대로 뒤집어서 실행하기로 했다. 즉 기니 여자에게 원숭이 정자를 투입하기로 한 것이다. 하지만 그것은 프랑스 관청의 허가를 받아낼 수 없었다. 이바노프는 실험을 고향인 러시아에서 다시 시도하고자 했으나 자신의 고용주와 사이가 틀어져서 체포되고 시베리아로 귀양을 가서 2년 후에 사망하게 된다. 그 이후 인간과 유인원의 교배 시도는 없었던 것으로 알려지고 있다.

그럼에도 불구하고 1960년 콩고에서 이상하게 생긴 원숭이가 나타났는데 이는 아마도 인간과 원숭이의 교배종인 것으로 추정되었다. 이 침팬지는 세 살부터 미국 조련사에 의해 양육되었으며 올리버라는 이름이 주어졌는데 생김새가 다른 침팬지와 조금 다르고 행동도 남달랐다. 얼굴은 납작하고 인간의 모습을 띠었으며 주근깨가 있었고 원숭이 친구들보다 턱이 더 작고 이마도 더 높았다. 가장 눈에 띄는 것은 자세와 움직임이었다. '그'는 항상 꼿꼿이 서서 걸어 다녔다. 다른 침팬지와 잘 섞이지도 않았으며 어른이 되었을 때는 자신의 여자 양육인에게 성적인 관심을 나타내기도 했다.

올리버는 TV 보기를 즐겼으며 자신의 주인과 맞담배도 피웠다. '그'는 여러 유원지 동물원에서 인간과 원숭이 사이

의 미싱 링크(missing link, 진화 과정에서 유인원과 인간 사이에 존재
했을 것으로 추정되지만, 화석은 발견되지 않은 동물)로 선전되었다.

동물 실험실에 팔려가기까지 '그'는 그렇게 살았다. 하지
만 실험실에서 9년간 작은 철창에 갇힌 후로는 점점 쇠약해
져 갔다. 90년대 말 올리버에 관한 모든 추론은 그 끝을 보
게 되었다. 유전자 검사에 의하면 '그'는 48개 염색체를 가
지고 있었다. 47개가 아니었다. 다른 침팬지들과 같은 48개
이다. 침팬지보다 하나 적고, 사람보다 하나 많은 47개일 것
이라는 그동안의 추측을 뒤엎은 것이다. 올리버는 하이브리
드가 아니었고 다만 매우 기이한 침팬지였던 것이다. 사람
중에도 아주 기이한 사람이 있듯이.

하버드대 유전학자인 데이비드 리치(David Reich)는 현대
인의 조상은 종의 경계를 별로 주의하지 않았으며 우리 인
류는 모두 한 교배종의 조상에 뿌리를 두고 있다고 주장한
다. 리치는 인간 게놈을 해독한 팀원이었고 우리가 어디로
부터 왔는지를 밝히기 위해 인간의 DNA를 매일 분석하고
있다. 그는 몇 년 전, 인간의 조상들이 침팬지로부터 분리된

후에도 가끔 침팬지들과 섹스를 했음을 알아냈다.

우리의 조상들은 아프리카를 떠나고 침팬지로부터 분리된 지도 오래된 후, 현재의 우리와 같은 상태가 된 후에도 다른 가까운 종과 새로이 '외도를 했다'는 것이다. 그의 유전자 검사에 의하면 모든 비 아프리카인의 유전자 속에서 네안데르탈인 DNA를 발견할 수 있었는데 정확히 말하자면 2.5~4퍼센트가 된다. 리치는 네안데르탈인을 유혹했던 것이 여자 사람이었는지 아니면 남자 사람이었는지를 머지않아 밝힐 수 있기를 희망하고 있다. 왜냐하면 인간의 DNA를 분석하면 이를 연역적으로 추적할 수 있기 때문이다. 네안데르탈인과의 섹스는 자주 있었던 것은 아니었다. 스위스 유전학자들의 계산에 의하면 30년마다 한 번씩 네안데르탈인과 인간의 교배종이 태어나고 이어서 후손 번식을 한 것으로 보고 있다.

수단의 톰베는 자식을 낳을 수 없음에도 불구하고 자신의 신부를 데려가는 값으로 1만 5,000수단 디나르 ─ 약 40유로 ─ 를 이웃인 알리피에게 지불했다. 그는 사랑하는 동물과 함께

동물과 육체적으로 결합할 수 없다고 해도

마을을 떠났고 소식통에 의하면 그 둘은 아직도 잘 살고 있다고 한다.

15

섹스는 결코
야하지 않다

　현재 지구상에 살고 있는 모든 사람은 두 사람의 섹스에
의해 생겨났고 그 두 사람은 또 각각 다른 두 사람의 섹스에
의해 생겨났다. 또 그들 역시 또 다른 두 사람에 의해서 등
등. 우리 모두는 수십억 년을 거슬러 올라가 사랑하는 생명

체들로 연결되는 사슬의 일부분이다. 인간으로부터 조상을 따라가면 유인원이 있고, 그 위로 나무에서 생활하는 원숭이류의 포유류가 있고, 그 위로 도마뱀 종류의 파충류가 있고, 그 위로 양서류가 있다. 계속해서 무악류(無顎類) 물고기가 있고, 편형동물, 수영동물에서 끝으로 단세포가 있다. 이 사슬은 계속 선사시대까지 올라가서 최초의 원시적인 생명의 형태가 유전자를 서로 교환하기 위해 자신의 부류를 찾았을 때부터 시작된다.

개인적으로 내 조상들은 물에서, 나무에서, 아프리카 초원에서, 습기 찬 유럽의 오두막에서, 네덜란드에서, 어느 별장 침대에서 서로 사랑을 나누었다. 적어도 나는 거기서 생겨났다고 얘기를 들었다.

우리의 후손 번식 이야기는 주로 섹스 이야기뿐이다. 정자의 이동에서부터 짧은 시간의 욕망, 단순한 욕정까지. 하지만 사랑은 언제 정확히 섹스 쪽으로 건너갔을까? 우리가 알고 있는 낭만적인 사랑은 두 개체가 섹스에 국한되지 않고 더 나아가 서로 내적인 감정을 가지게 되고 그 느낌이 아주 강할 경우 이를 '진정한 사랑'이라고 말하고 심지어는 사랑하는 사람을 위해 죽을 수도 있다.

그것은 아무도 정확히 알 수 없고 대부분의 학자들도 그 문제는 터치하지 않으려고 한다. 단지 한 여성만이 여기에 전력을 쏟고 있다. 이스라엘 진화심리학자인 아다 램퍼트(Ada Lampert)에 의하면, 약 1억 5,000만 년 전 이 지구상에 처음으로 사랑의 감정이 생겨났다고 한다. 아주 오래전인 것 같지만 지구상에 생명이 존재한지가 40억 년이라는 것을 감안하면 꽤 짧은 시간이라고 할 수 있다. 일부 생명체의 혈관에 처음으로 따뜻한 피가 흐르기 시작했을 때 사랑의 감정이 생겨났다고 램퍼트는 추정한다.

"사랑은 따뜻한 피를 필요로 한다"라고 그녀는 15년 전에 출간한 책인 《사랑의 진화(The Evolution of Love)》에서 말하고 있다. 최근에 밝혀진 바에 의하면 따뜻한 피는 1억 5,000만 년보다 훨씬 전에 있었다. 대부분의 고고학자들은 디노사우르스도 따뜻한 피를 가졌다는 것에 동의한다. 램퍼트의 말이 사실이라면, 티라노사우루스 렉스(Tyrannosaurus rex)도 다른 생명체에게 원시적인 형태의 사랑을 느낀 것이 된다.

어쨌든 램퍼트에 따르면 온혈은 사랑의 진화 단계 중 첫 단계가 된다. 왜냐하면 냉혈 동물과 변온 동물은 태양의 온기에 의존하기 때문이다. 따뜻한 피를 가진 동물들은 태양으로부터 독립적이어서 춥고 어두운 장소에서도 생존할 수 있기 때문이다. 온혈의 단점이라면 주변 기온을 웃도는 적정한 체온을 유지하기 위하여 몸 안의 엔진을 계속 가동시켜야 한다는 점이다. 그러기 위해서는 언제나 새로운 열량, 즉 식량이 필요하다. 어린 온혈 동물들은 충분한 식량을 스스로 조달할 능력이 없다. 게다가 스스로 체온을 유지하지도 못한다. 그래서 지구상의 온혈 동물이나 정온 동물은-새와 포유류는-새끼를 양육하는 데 온 힘을 쏟는다. 냉혈 동물 새끼는 식량도 조금 필요해서 부모의 도움이 절실하지 않다고 한다.

정온 동물에 있어서 엄마와 자식의 관계는 본질적이다. 새끼를 곁에 끼고 추위와 맹수로부터 보호하고 먹이를 가져다준다. 헌신적으로 끊임없이 새끼의 건강을 염려하는 온혈 동물의 어미가 사랑의 시작이라고 램퍼트는 말한다.

영장류학자인 프란스 드 발도 어미의 사랑이 모든 다른 감정적 관계의 시작이 된다고 말한다. 사랑하고 사랑을 구하는 능력이 어미와 의지할 곳 없는 자식 사이에서 처음으로 생겨났다. 포유류들이 남에게 감정 이입을 하고 그를 돌보는 데 필요한 하드웨어를 모두 갖춘 후에 이 감정을 양육 이외의 다른 목적에도 사용하게 됐다고 드 발은 그의 책《공감의 시대(The Age of Empathy)》에서 말한다.

그러나 드 발이 말하는 하드웨어의 일부는, 즉 포유류와 조류에 있어서 사랑에 관계하는 화학적 물질은 다른 하등 동물에서도 찾아볼 수 있다. 어미와 자식 관계에 영향을 미치고, 모유 생산을 촉진시키고, 연인들의 맥박을 뛰게 하는 호르몬을 옥시토신이라고 하는데 새의 경우에는 메소토신이라고 한다. 옥시토신 종류인 이소토신을 물고기, 금붕어에게 투입하면 서로 가까이 다가간다.

여러 척추동물에서도 관계 형성을 촉진하는 화학 물질이 발견된다. 하지만 온열 동물, 특히 포유류에게 있어서의 관계는 더 높은 차원을 갖는다. 따뜻한 피는 우리가 낭만적이라는 낱말을 들을 때 떠오르는 각종 특수 효과를 가능하게한다. 내가 마음에 두고 있는 상대가 나를 쳐다봤을 때 얼굴이 빨개진다든지, 그가 내 목덜미를 만질 때 소름이 끼친다든지, 포옹했을 때 온기를 느끼는 것이 그것이다. 이런 전형적인 온혈 현상이 나타나지 않으면 사랑이라고 할 수 없다.

계속되는 진화 과정에 있어서 두 성인 사이의 사랑으로 진화하는 데 큰 영향을 끼친 주체는 여자들과 엄마들이었다. 아주 다른 방법으로 말이다. 미국 러트거즈대(Rutgers)의 인류학자인 헬렌 피셔(Helen Fisher)는 30년 넘게 사랑을 연구하고 있다. 낭만적인 사랑으로 진화적 도약을 한 시점은 우리 선조들이 동아프리카의 숲을 떠난 순간이었다고 그녀는 말한다. 동아프리카의 기후가 급격히 변화한 그 시점은 약 6~700만 년 전이다. 기후는 점점 건조해졌고 숲 지대에 처음으로 넓은 평지와 사바나(savanna. 열대 지방의 초원)가 생겨났다.

유인원들은 새로운 환경에 적응하고 직립 보행을 하게 되었다. 몇몇 학자들은 그들이 사바나의 따가운 햇볕을 피하기 위해 직립을 하게 되었다고 하고, 다른 학자들은 손을 자유롭게 해서 식량과 무기를 들기 위해서였다고 한다. 또 다른 학자들은 주위를 둘러볼 수 있는 넓은 시야를 가져서 위험을 빨리 인지하기 위해서라고 한다. 우리 조상들이 직립 보행을 하게 된 데는 아마도 위의 모든 요소가 종합적으로 작용했을 것으로 보인다.

어떻든 간에 직립 보행은 커다란 효과를 가져 왔다. 네 발로 움직이던 숲에 살던 이전 주민들은 아마도 지금의 침팬지나 보노보처럼 살았을 것이다. 사회적 관계도 있고, 친구와 적들도 있고, 이타적인 면도 보여서 다른 동료와 뭉치거나 동감하는 능력도 지녔을 것이다. 하지만 침팬지와 보노보처럼 사랑에서는 정조를 지킬 줄 몰랐다. 며칠간 연인을 만나러 무리를 떠난 적은 있어도 한 파트너와 오래 교제하는 기회는 거의 없었다.

그런 결합이 필요하지도 않았다. 숲에 살던 당시 여성은 혼자서 자식을 잘 돌볼 수 있었다. 왜냐하면 식량을 수집할 때는 새끼를 등에 업고 다녔기 때문이다. 그러나 약 350만 년 전의 두 발로 걸어 다니게 된 사바나 거주민들은 새끼를 팔로 안아야 했기 때문에 직립 여성에게 큰 부담이 되었다고 피셔는 말한다.

"어떻게 젊은 엄마가 한 팔로 버둥거리는 아이를 안고, 다른 한 손으로는 뿌리를 캐내고, 작은 짐승들을 사냥할 수 있었을까요? 내 생각으로는 직립 초기의 여자들에게 자신들을 보호해주고 식량을 구해오는 파트너가 필요했을 겁니다. 적어도 아기를 안아서 키울 동안만이라도"라고 피셔는 《우리가 사랑하는 이유(Why We Love)》라는 그녀의 책에서 서술하고 있다.

작은 직립 유인원인 아우스트랄로피테쿠스 아파렌시스(Australopithecus afarensis)의 화석을 보면 그들이 이미 커플 관계를 유지해 살았던 것으로 추정된다. 아우스트랄로피테쿠스 남녀의 해골을 비교한 결과, 남녀의 신체 크기 차이가 현대 남녀와 거의 같았다. 그것은 곧 그들의 성 도덕관을 나타내는 척도가 된다. 양성 간의 신체 크기가 매우 크게 차이가 나는 동물류는 파트너와 장기간 교제를 가지지 않는다. 양성 간이 서로 많이 닮은 경우는 – 신체 크기, 색채, 장식술 등 – 서로 애착 관계가 깊고 한 파트너만을 가지는 확률이 더 높게 나타난다. 아우스트랄로피테쿠스 아파렌시스의 남자들은 – 현대 남자들처럼 – 여자들보다 조금 크지만 그 차이가 뚜렷하지는 않았다. 그래서 우리의 조상은 350만 년 전에 우리처럼 파트너와 짝을 이루고 오랫동안 같이 살기도 했다고 추정한다.

낭만적 사랑의 진화는 인간 뇌의 진화와 보조를 같이 한다. 오늘날의 인간은 이 행성의 지배자로서 자연 속에서 자유롭고 부족함이 없이 중앙난방 시설을 해놓은 따뜻한 집에서 냉장고에 먹을 것을 잔뜩 쌓아놓고 살기 때문에 우리의 조상들이 지구의 지배자와는 아주 다른 삶을 살아왔다는 것을 상상하기 어려울 것이다. 그들의 삶은 아주 고되었고 생존하는 것만도 버거운 과제였다. 그렇게 사바나에서 부딪치는 역경을 하나하나 헤쳐 나가는 수백만 년 동안 인간의 뇌는 엄청나게 커졌다.

인간의 이런 팽창하는 뇌는 큰 문제를 가져오게 되었다. 특히 여성에게. 왜냐하면 그 큰 머리를 가진 아기가 어떻게 좁은 산도를 뚫고 나올 수 있겠는가? 그래서 여성의 엉덩이는 남자보다 훨씬 커지게 되었다. 하지만 거기에도 한계가 있는 법이다. 인간의 뇌가 800입방센티미터에 다다르게 되었을 때 소위 조산 딜레마라는 것이 발생했다. 직립 보행하는 인간으로서 엉덩이는 더 이상 커질 수가 없었기 때문이다.

호모 에렉투스(Homo erectus) 여성은 아기를 낳을 때 많이 죽었을 것으로 추정된다. 그리하여 아기를 초기 발달 단계에서 낳아야 하는 압박이 점점 커졌다. XXL사이즈가 된 우리의 머리는 나중에는 자궁 바깥에서 성장해야 했다. 아직 미숙한 단계의 아기를 낳은 여자들은 출산 위험을 넘겨 생존할 수 있었다. 결과적으로 호모 에렉투스와 그 후손들은 철저하게 무력하고 미숙한 갓난아기를 떠안는 부담을 갖게 되었다. 또한 우리의 뇌가 크면 클수록 아기는 점점 더 일찍 태어나야 했다.

현재 인간 신생아의 뇌는 겨우 4분의 1 정도만 발달한 정도이다. 이에 비해 침팬지 신생아의 뇌는 2분의 1 정도 발달해 있다. 이른 출산으로 인해 유아기는 두 배로 길어졌고 엄마 노릇 하기는 점점 더 힘들어졌다. 생각을 해보라. 당시는 매일매일 사냥을 나가야 했고 그날 자신과 자식들이 굶지 않는다는 보장이 없는 불안정한 삶을 살고 있었다.

요즘 엄마들도 힘들기는 마찬가지이다. 아기 이유식이 떨어졌는데 가게는 문을 닫았다든지, 아이를 맡길 데가 없다든지, 돈이 없다든지 할 때 싱글맘의 경우는 남들보다 더 힘든 삶을 살고 있다.

그럴 때 사랑이 살짝 고개를 내민다. 혼자서 부모 노릇하기가 너무 힘들어서 자녀의 생존율이 자꾸 떨어질 때 우리의 조상들은 파트너를 찾기 시작했다. 삶의 불공정함을 같이 나누어 가지고 같이 부모 노릇이라는 모험에 뛰어들 누군가를 찾는 것이다. 이때 남자와 여자를 연결해준 감정을 사랑이라고 한다.

여자들의 삶이 힘겨워질수록 사랑의 기회는 점점 더 커졌다. 깊은 불행에서 가장 아름다운 감정이 생겨났다. 역설적이다. 하지만 사실이다. 직립 보행을 하는 우리의 조상들은 생존 경쟁이라는 먹구름 사이로 금으로 된 동아줄이 내려오는 것을 보았다. 낭만은 계속 발전을 거듭했다. 연대감은 깊은 감정으로 발전하고, 눈동자는 사랑으로 가득 차고, 심장은 공중제비를 도는 것처럼 뛰고, 같이 미래를 꿈꾸어 다시는 떨어지고 싶지 않은 감정으로 점점 발전해갔다.

16

모두가 궁금해 하는
아빠의 육아

나의 남편은 아들이 태어나고부터 아들의 모든 시중을 다 들어주었다. 몇 시간 동안 애를 안고 흔들어주거나, 눈물, 콧물과 엉덩이를 닦아주고, 고무젖꼭지를 소독하고, 목욕시키고, 음식을 요리해서 다진 후 맛을 보곤 했다. 입으로 "까

꿍" 소리를 내고, 노래해주고, 우유를 데우고, 몇 시간씩 아이를 안고 있곤 했다. 아들을 돌보는 일에서는 그와 내가 구분되지 않았다. 목소리가 조금 저음이고, 가슴에 털이 있을 뿐이다.

나의 남편은 훌륭하게 아기를 돌본다. 그리고 그런 남자들이 적지 않다. 점점 더 많은 아빠들이 육아에 참가하고 있다. 부재중인 아빠, 육아를 아내에게 떠맡기는 남편의 시대는 지나갔다. 그러나 이런 현상을 달갑지 않게 여기는 시선도 여전히 존재하고 있는 것이 사실이다. 얼마 전 네덜란드 신문인 〈데 폴크스크란트(De Volkskrant)〉에 실린 기사를 보면, 남자다움이 사라지면서 가장으로서의 '자연스러운 역할'을 빼앗기게 된 것은 여성 해방 때문이라고 했다. 하지만 아버지의 자연스러운 역할이란 것이 무엇인가?

자연에서 아빠의 자상함은 드문 일이다. 하지만 포유류의 5퍼센트는 수컷이 적극적으로 육아에 동참한다. 우리의 가장 가까운 친척인 침팬지와 보노보는 아빠의 사랑이라는 것을 알지 못한다. 다른 동물의 수컷처럼 – 예를 들면 수컷 말처럼 냉담하거나 아니면 멀리 떨어져서 구경이나 하는 사자처럼 행동하지 않고 – 인간 남자가 자식을 돌보면 '자연스럽지 않은' 것인가?

부성애의 결핍에는 여러 가지 이유가 있다. 첫 번째로 후손을 돌보는 것은 일단 신체적으로 엄마의 몫이다. 엄마는 오랜 임신 기간을 가진 후, 알이나 새끼를 낳는다. 아빠는 그 사이에 멀리 날아가서 다른 암컷에게 작업을 걸고 있거나 혼자 조용히 쉬고 있다.

두 번째로 수컷은 새끼가 정말로 자신의 핏줄인지를 확신할 수가 없는 것이다. 암컷이 나 몰래 다른 수컷을 만났는지 누가 아는가? 몇 달간 또는 심지어는 몇 년 동안 자식에게 혼신을 다했는데 내 핏줄도 아니라면, 진화적으로 볼 때 현명한 처사는 아니다. 차라리 그 시간을 다른 곳에서 번식하는 데에 사용하는 편이 더 낫다.

또 다른 이유로 동물 세계에서는 암컷이 수컷 없이도 혼자 새끼를 잘 키우고 있다. 새끼를 키우는 데 아빠가 꼭 필요한 것은 아니다. 따라서 아빠의 역할은 수정 자체에 제한되는 경우가 많다. 수컷은 다시 자기 갈 길을 나서서 다른 암컷들을 찾아 간다.

그런데 예외 또한 존재한다. 심금을 울리는 영화 〈펭귄의 여행〉과 인기 다큐멘터리 〈펭귄 언더커버〉가 방영된 이후, 우리는 황제펭귄 수컷이 알을 부화시키고 겨울 내내 북극의 추위로부터 알을 보호한다는 것을 알고 있다. 새끼가 알을 깨고 나오면 자신의 두꺼운 피부 주름 사이에 넣어서 따뜻하게 하고 젖과 비슷한 액체를 분비해서 수유를 한다.

애초부터 새끼를 돌보게끔 신체가 설계되어 있는 아비들도 있다. 황무지에 서식하는 어느 닭의 종류는 건기에는 물 있는 곳에 가서 몸통을 물에 집어 넣고 특수 저장 기관에 물을 저장해둔다. 아비가 돌아오면 새끼들은 아비의 가슴 위를 뛰어 다니며 물을 마신다. 어느 박쥐 종류의 수컷은 아예 젖을 직접 분비하는 것으로 밝혀졌다.

하지만 '동물 세계에서 가장 진보적인 아빠'라는 타이틀은 남부화식조(Southern cassowary)에게 돌아갔다. 뉴기니 섬에 서식하는 이 주금류의 수컷은 알을 자신이 부화시키고, 양육을 전부 자신이 책임진다. 남부화식조 집안에서는 모든 역할이 반대로 되어 있다. 암컷이 수컷보다 몸집이 크고 색깔도 더 화려하며 알을 낳고나면 즉시 길을 떠나서 다른 수컷을 찾으러 간다.

자상한 아비가 있는 동물은 대부분 일부일처제이다. 서로 항상 같이 붙어 있으면 암컷이 다른 수컷과 수정할 가능성도 줄어든다. 이렇게 되면 수컷은 새끼가 자신의 핏줄이라는 확신을 갖게 된다. 그러면 수컷도 육아를 기꺼이 떠맡을 마음의 준비가 선다. 새는 대부분 짝을 이루어 살고 있으므로 이 날개 달린 아비들은 모든 동물 세계에서 가장 자상한 아빠로 손꼽힌다. 아비와 어미는 서로 분업을 한다. 한 쪽이 둥지를 지키면 다른 한 쪽은 먹이를 조달하거나 일을 바꿔서 하곤 한다.

일부일처제 포유류에서도 새끼 양육에는 아빠의 역할이 크다. 비버 아비는 새끼를 꼬리에 매달고 다니면서 수영을 가르치고, 늑대 아비는 새끼에게 노는 방법을 가르치면서 먹이를 가져다주기도 한다. 세상에서 가장 작은 원숭이인 피그미마모셋(Pygmy marmoset, 피그미원숭이, 손가락원숭이라고도 불림) 수컷은 새끼를 낳으면 3일 동안 자신의 등에 업고 다니는데 이는 전 시간의 93퍼센트나 된다. 새끼는 젖을 먹을 때만 엄마한테 간다.

신기하게도 자녀를 학교에 데려다주고 동화책을 읽어주는 자상한 인간 아빠는 유전학적으로 우리와 유사한 침팬지보다 펭귄과 비버를 더 닮았다. 유전자의 유사성이 전부가 아닌 것이다. 더 중요한 것은 한 동물류가 역사 과정에서 직면하게 되는 도전 과제이다. 펭귄에게나 선사시대 인류에게나 후손의 육아는 엄마 혼자서는 극복할 수 없는 도전 과제인 것이다.

그러면 많은 남자들로 하여금 자상한 아버지로 만드는 것은 무엇일까? 자식이 자신의 핏줄이라는 확신보다 더 중요한 이유가 있어야 한다. 왜냐하면 자신의 핏줄이 확실하더라도 기저귀를 갈아주거나 운동화 끈을 매어주는 것에 에너지를 낭비하는 것보다 다른 여자를 찾아 가는 것이 유전학적 견지에서 보면 더 유익하기 때문이다. 하지만 이것 하나는 확실하다. 아비의 투입은 자녀의 성공에 많은 기여를 한다는 사실이다.

비비원숭이를 예를 들면 – 일부일처제도 아니고, 성격도 별로 온순하지는 않지만 – 자녀의 양육이 그들에게도 중요한 것으로 여겨진다. 암컷이 여러 수컷과 교미하는 비비원숭이 사회의 카오스 속에서도 아비는 자기 새끼인지 아닌지를 곧바로 알아낸다. 어떻게 해서 알아내는지는 학자들도 아직 잘 모르지만 아마 냄새와 외모를 종합하여 알아내지 않나 추측하고 있다. 비비원숭이 수컷은 새끼가 싸울 때 보호해주고 먹이를 찾는 것도 도와준다. 특히 딸들이 아빠의 존재로부터 이득을 본다. 아빠가 무리를 떠나가서 아빠 없이 자란 딸들보다 아빠가 있는 딸들이 더 발육이 좋고 빨리 성년이 된다. 그래서 후손 번식이 더 잘 이루어지는 결과를 가져오게 된다.

육아 과정에서 분업이 이루어지면 부모에게도 좋다. 유인원류인 시망(Simang)은 일부일처제로 산다. 암컷이 양육에 너무 몰두하면 다시 새끼를 배는 것이 어렵게 된다. 애들이 진을 빼먹기 때문이다. 하지만 아비가 육아에 나서주면 어미가 몸을 추스리고 다시 새끼를 밸 수 있다. 진화적 측면에서 볼 때 위의 부부는 아빠의 협조로 인해 성공을 거두고 있는 것이다.

일반적으로 자연 법칙은 이렇다. 새끼가 의존적일수록 어미의 부담은 커지고 그럴수록 아비의 자식 사랑은 더 커진다. 부성애는 주로 육식 포유동물에서 볼 수 있다. 들개, 늑대, 여우 아비는 암컷과 새끼에게 고기를 가져다준다. 어미 혼자서 집을 보고 동시에 사냥할 수는 없다. 늑대 새끼로서는 아빠가 있어서 자신을 먹이고 씻기고 보호해주면 도움이 된다. 그러면 생존 확률이 훨씬 높아진다. 붉은여우 아비도 새끼하고 끝없이 놀아주면서 생존 기술을 가르친다. 집 근처에 먹이를 묻어두거나 나뭇잎이나 나뭇가지로 덮어두고 새끼에게 냄새를 맡는 훈련을 시킨다.

그러나 사람의 경우는 어떤가? 사람의 아기는 극도로 의존적이다. 많은 포유류 동물의 새끼들이 태어나자마자 몸을 일으키고 네 발로 서는 것에 반해, 사람의 아기는 수년간 부모에게 의존하여 산다. 바로 이때가 아빠의 사랑이라는 이상적인 시나리오가 탄생하게 되는 순간이다.

인류학 연구에 의하면, 현존하는 수렵, 채집 종족들은 아직도 예전의 자연 조건에 살고 있는데, 그들은 아빠가 육아에 전념한다. 그들의 아빠들은 농경사회의 남자들보다 자식과의 관계가 돈독한 것으로 나타났다. 콩고의 아카족 남자들은 세계에서 가장 훌륭한 아빠로 불리고 있다. 그들은 일상의 절반을 자식을 돌보는 데 쓴다. 아카족 남자들은 다른 문명권의 아빠들보다 다섯 배 이상 자식들과 놀아주며, 엄마가 옆에 없을 때 아이가 울면 자신의 젖을 물리기까지 한다.

부모 사이의 관계도 아빠의 육아 참여에 영향을 미친다. 코쿠렐시파카(Coquerel's Sifaka, 여우원숭이의 일종)의 수컷은 암컷이 자기 곁에 있을 때면 새끼의 이를 잡아주거나 안아준다. 아빠는 엄마와의 관계가 좋을 때 자식을 더 잘 돌본다고 학자들은 말한다. 그리고 그것은 사람에게 있어서도 마찬가지이다. 아빠가 자녀를 헌신적으로 돌보는 아카족은 부부 사이도 아주 좋다. 연구에 의하면 부부끼리 지내는 시간이 많을수록 부자(父子) 관계가 돈독해지는 것으로 나타났다.

인간 남자가 자녀를 돌보는 것은 매우 자연스러운 것처럼 보인다. 자연은 남자들이 아빠가 될 준비를 하게끔 도와준다. 여러 문화권의 예비 아빠의 11~65퍼센트가 메스꺼움, 두통, 요통 등의 임신 동반 증상을 겪는다고 한다. 이 현상은 쿠바드 증후군(Couvade syndrome)이라 불리는데 그 동안은 이를 심리적 문제로 여기곤 했다. 하지만 지난 몇 년간의 조사에 의하면 이런 증상들은 호르몬 수치의 변화에 의한 것으로 나타났다. 예를 들면 비단원숭이는 임신한 배우자와 같이 있으면 프로락틴 치수가 올라가는 현상을 보인다. 이 호르몬은 포유류 동물에 있어서 모유 생산에 관여하는 물질이다.

사람도 부인이 출산하기 3주 전 남편의 프로락틴 수치가 20퍼센트 증가하는 것으로 나타났다. 그리고 출산 때에는 남편의 테스토스테론 수치가 30퍼센트 가량 떨어져서 공격성이 줄어들고 자상하고 부드러운 성격을 띠게 된다. 또한 옥시토신도 더 많이 분비되어서 뇌가 바소프레신의 영향을 받게 된다. 이 두 물질은 따뜻하고 사랑스러운 감정을 촉진시킨다. 쥐의 수컷에게 바소프레신을 투입하면 곧바로 새끼

몸을 핥으며 닦아주는 모습을 보게 된다.

'남성 임신 증상' 중 가장 좋은 증상은 체중 증가이다. 솜털머리마타린(Saguinus oedipus, 원숭이류)의 수컷은 새끼가 태어나기 직전 체중이 20퍼센트 증가한다. 임신부가 잘 먹어서 수유 기간에 대비하는 것은 매우 중요하고 당연하다. 하지만 수유하지 않는 아빠도 몇 킬로그램을 저장해둘 필요가 있다. 왜냐하면 곧 중노동이 시작될 예정이기 때문이다. 새끼를 돌보고 안고 다니는 것은 에너지를 필요로 한다. 그래서 늘어난 몸무게의 절반은 금방 없어진다.

인간 남자 역시 아내가 임신하면 살이 찐다. 배가 조금 튀어나오게 된 아빠들에게 좋은 소식이 있다. 이는 아빠의 진정한 사랑을 나타내는 궁극적 증거이다. 아기를 안고 뛰어다니다 보면 찾아온 몇 파운드는 다시 빠르게 사라질 것이니 안심하라.

17

당신의 페티시를
알려주세요

어느 금요일 오후에 네덜란드 NCRV 라디오 PD가 나에게 전화를 걸어 "방귀-성 흥분제에 대해 잘 아십니까?"라고 물었다. 이 주제가 요즘 이슈가 되고 있으니 다음 날 스튜디오에 와서 이야기해줄 수 있는지를 묻고 있었다. "뭐라고요? 무슨 말입니까?", "방귀–성 흥분제요"라고 PD는 반복해서 얘기했다. 최근에 영국 심리학자가 에프록토필리아 (Eproctophilia)를 자세히 연구했는데 방귀 소리에 성적으로 흥분되는 남자에 관한 연구였다. 22세인 그 남자는 방귀 소리가 듣고 싶어서 친구와 내기를 해 일부러 졌다. 방귀 소리를 실컷 들으려고. 그의 친구는 일주일동안 그의 얼굴에 방귀를 뀌어대는 벌을 주었다.

PD에게 방귀는 내 전공 분야가 아니라고 설명하고 전화를 끊은 뒤, 나는 이 현상에 대해 생각하기 시작했다. 방귀처럼 남들이 거부감을 느끼거나 역겨워하는 것에 흥분하는 사람들이 있는 현상을 어떻게 설명할 수 있을까?

생물학적으로 볼 때 성 흥분은 어디서 오는 것일까? 가죽, 발, 피, 방귀 같은 것에 흥분을 느끼는 것은 후손 번식 기회나 진화 단계 면에서 볼 때 전혀 관계가 없지 않나? 여자들은 넓은 가슴과 곰을 사냥할 만한 팔뚝을 가진 남자를 보면 성적인 매력을 느끼고, 남자들은 풍선 같은 가슴과 출산이 수월할 것 같은 큰 골반을 보면 흥분을 느낀다. 전형적인 진화론적 사고방식에 의하면 그렇다.

하지만 그 이상의 어떤 것이 있는 것처럼 보인다. 방귀 같은 성 홍분제 문제를 다루다보면 성적인 취향이 애초에 어떻게 생겨나게 됐는지 묻게 된다. 왜 어떤 여자는 어깨가 넓은 라틴 남자 취향이고, 어떤 여자는 날씬한 백인 남자 취향인가? 특정한 섹스 파트너에 대한 개인적 취향이 형성되는 데에는 학습 매커니즘이 큰 역할을 한다.

성적 취향은 주로 인생의 초기 단계에서 형성된다. 이미 언급한 바가 있듯이 동물의 수컷은 어렸을 때 자신을 돌봐준 암컷으로부터 취향을 각인한다. 쥐가 양부모로부터 양육될 경우, 수컷은 양어머니를 닮은 암컷에 끌리게 되고 생물학적 어머니와는 전혀 무관한 것으로 나타났다. 양과 염소의 어미들을 바꿔서 양육한 실험에 의하면 양은 염소에게 호감을 보이게 되고, 염소는 양에게 호감을 나타냈다. 이런 현상은 다른 동물류에 의해 양육된 수컷과 암컷 모두에게 공통으로 나타났다.

하지만 성적 취향은 성인이 되어서 영향을 받기도 한다.

금발 암컷과 짝짓기를 한 일본메추라기(Japanese Quail) 수컷은 이후로도 내내 금발만을 상대했고, 갈색 머리 암컷과 짝짓기 했던 수컷은 반대로 갈색 머리 파트너만 찾았다. 언제 한 번 부자연스러운 특징을 지닌 파트너를 상대했을 경우, 이것이 성적 취향으로 굳어진 경우도 있다. 일본메추라기의 암컷에 오렌지색 깃털을 붙이고 교미시킨 결과, 그 수컷은 자연스러운 색깔을 가진 암컷보다 그런 장식을 한 암컷을 선호했다. 그리고 수컷 쥐에게 레몬 향수를 뿌린 암컷과 교미하게 했더니 그 후로는 레몬 향기가 나는 암컷을 주로 찾았다.

신경과학자들은 지난 수년간 뇌의 작용을 연구했다. 그들은 뇌가 가장 중요한 성 기관이라는데에 의견이 일치했다. 생식기는 자극을 뇌에 전달하는 감각 기관이고, 뇌는 그 감각이 좋은 것인지 아닌지를 해석하게 된다. 똑같은 자극일지라도 경우에 따라 역겹거나 아니면 그 반대로 황홀하게 받아들여진다. 성적 취향 형성에 있어서 개인적인 경험이 얼마나 중요한 위치를 차지하는가는 뇌 연구에서 밝혀지고 있다. 우리의 뇌가 느낀 것과 우리가 하는 행동은 우리의 성적 영역에 영향을 끼친다.

캐나다 신경과학자 짐 파우스(Jim Pfaus)는 성적 욕구 생리학을 연구하고 있다. 그는 몬트리올에 있는 콩코르디아 실험실에서 쥐를 실험한다. 왜냐하면 성적 쾌락을 근간으로 하는 사람의 뇌 성장 진화 과정이 쥐와 동일하게 나타나기 때문이라고 그는 설명한다.

그의 연구에 의하면 – 의식적이든, 무의식적이든 – 초기의 경험이 성적 취향을 결정짓는다고 한다. 그것이 작동하는 것은 파블로프의 조건반사와 관련이 있다. 그는 성 경험이 있는 암컷 쥐의 음핵을 붓으로 자극하는 동시에 아몬드 냄새를 뿌려주는 실험을 했다. 나중에 이 암컷은 아몬드 냄새가 나는 수컷하고만 교미를 하고, 자연스러운 체취를 지닌 수컷은 거들떠보지도 않았다.

아몬드 냄새와 성적 쾌락과의 무의식적 연상이 암컷의 뇌에 각인되어 있는 것이다. 이 암컷에 있어서 아몬드 냄새는 주의력, 동기 유발, 섹스 형태, 후손 번식에 관계된 여러 뇌

영역을 활성화시킨다. '아몬드 섹스'를 하지 않았던 일반 쥐는 아몬드 냄새에 반응하지 않았다. 파우스는 일반적으로 역겨운 냄새를 가지고 실험을 하였다.

예를 들면 시체 썩는 냄새를 쥐에게 맡게 하고, 쥐의 뇌가 그 냄새를 '섹시'하게 느끼도록 만들었다. 이 사실은 다음과 같은 결론에 이르게 된다. 한 생명체의 뇌가 섹시하다고 해석만 하면 현실적으로 모든 종류의 자극이 성 흥분제가 될 수 있다는 것이다. 그래서 근본적으로 어떤 미친 것이라도 - 그것이 에로틱한 쾌락과 연결된 경우 - 성적 흥분을 유발할 수 있다. 사람도 마찬가지이다.

60년대에 이런 클래식한 실험을 통해 이성애 남성들의 성 흥분 현상이 많이 연구되었다. 남자의 페니스에 변동 측정기를 연결하여 페니스의 혈액 공급량을 측정하는 실험이었다. 우선 예쁜 여자의 나체 사진을 보여준다. 이는 모든 이성애 남자들에게 흥분 작용을 하는 자극이다. 그런데 나체 사진을 보여주기 직전에 장화 사진을 보여준다. 얼마 후에 장화 사진을 보여주면 페니스 변동 측정기의 수치는 이미 올라가기 시작한다. 손바닥을 뒤집듯 쉽게 장화-성 흥분제가 탄생하는 순간이다.

최근의 연구에서는 동전이 가득 들어 있는 냄비를 섹시한 여자 사진과 연결시켜봤다. 같은 결과가 나왔다. 이 실험에 의하면 섹스 취향은 섹스와 전혀 상관없는 것과도 연결될 수 있다는 사실을 보여준다. 사방이 보라색 벽지로 둘러진 방에서 자주 섹스나 자위행위를 한 사람은 보라색이 성적인 자극제가 될 수 있다.

무엇보다 초기의 성 경험이 우리의 뇌에 영향을 주게 되고 그것이 후에 성 취향을 결정하게 된다. 젊은 시절에는 뇌가 아직 유연하다. 초기의 성 경험 때 느꼈던 냄새나 소리 또는 판타지 속의 팝 가수나 영화배우 등 이 모든 것이 우리의 뇌에 영향을 줄 수 있다. 이러한 초기 성 흥분 경험 중 일부는 우리가 기억할 수 있고 나머지 부분은 우리의 무의식 속에 남아있다. 이 경험들은 뇌에 저장되어 후에 성 취향 형성에 영향을 준다.

이러한 초기 성 경험들이 비정상적인 성 '이탈 행위'로 발전할 수 있다는 것을 짐 파우스는 다음과 같은 특이한 실험으로 보여주었다. 젊은 수컷 쥐들이 처음으로 성행위를 할 때 그는 쥐에게 특별한 재킷을 걸치게 했다. 이 쥐들은 죽을 때까지 그런 재킷을 입어야만 교미가 가능했다. 재킷이 없으면 아무런 성과가 없었던 것이다.

인간의 구두-흥분제, 가죽-흥분제와 비슷한 경우일까? 파우스에 의하면 그렇다. 이런 성 흥분제의 발생은 주로 어린 시절의 경험과 관련이 있다고 파우스는 나에게 설명했다. "어렸을 때 하녀의 무릎에 눕혀져서 볼기를 맞고 처음으로 발기를 했던 한 사내아이는 섹스하면 매를 연상하게 된다. 그 아이는 자라서 매를 맞아야만 성적으로 흥분이 가능했다"라고 그는 말했다.

영국의 그 방귀-성 흥분자는 심리 상담에서 자신의 그런 취향이 16세 때 생겼다고 얘기했다. 첫 성 경험을 할 나이이다. 그는 같은 반 여자애를 사랑했는데 그 여자애가 어느 날 방귀를 뀌었다고 한다. "물론 나는 방귀가 그저 자연스러운 생리 현상이라는 것을 압니다. 하지만 그 애에게 홀딱 빠져 있어서 아마 그런 현상이 일어난 것 같습니다"라고 그는 심리상담사에게 말했다. 그는 점점 성적인 상상에 빠지게 되고 급기야 방귀를 섹스와 연관시키게 되었다.

이러한 학습 매커니즘은 반대로 성 흥분을 억제할 수도 있다. 부정적인 경험이 에로틱한 경험을 방해할 수도 있다. 일반적으로 성적인 흥분을 가져오는 어떤 자극이 불쾌한 느낌을 연상시킨다면 그 자극은 성공하지 못한다. 젊은 햄스터나 쥐에게 암컷의 질 냄새를 맡게 할 때 염화리튬을 분사하면 역겨운 냄새 때문에 오르가슴에 도달하지 못한다. 그들은 후에 질 냄새를 맡으면 비명을 지르고 교미를 중단한다.

성적 취향에 고정관념이 있다는 가설은 이제 더 이상 존재하지 않는데 그것은 동물의 뇌 연구가 이루어낸 가장 중요한 인식이 되고 있다. 파우스는 나에게 계속 말했다. "여자들은 모두 큰 가슴을 가져야 하고, 남자들은 모두 떡 벌어진 어깨가 있어야 한다는 성적 취향은 우리 뇌에 정착되어 있지 않습니다. 뇌는 그런 면에서 매우 유연합니다. 우리는 모두 자신의 성적 경험에 따라 서로 다른 성적 취향을 가지고 있습니다. 이러한 자신만의 특별한 취향은 살아가면서 차츰 뇌에 저장되어 각자 서로 다른 러브맵(love map)을 그리게 되며 이 사랑의 지도를 따라 자신의 사랑을 찾아가게 됩니다."

그러면 사람과 동물은 어떤 것이 성적인 욕구를 불러일으키고 또 어떤 것은 그렇지 않은지를 왜 스스로 알아가야 하는가? 처음부터 정해져 있으면 더 편리하지 않을까? 태어나면서부터 정해져 있으면 유연성이 없게 된다. 그렇게 되면 후손 번식이 이상적인 조건에서만 '작동하기' 때문이다. 예를 들면 모든 남자들이 선천적으로 엉덩이가 큰 여자들을 좋아하게끔 정해졌다고 하자. 그렇다면 거기에 따르는 문제가 발생할 수 있다.

가뭄으로 식량이 곤궁한 시기가 되어서 엉덩이가 큰 여성이 없을 때는 어떻게 되겠는가? 우리는 우리가 자란 환경 속에서 초기 경험을 쌓게 된다. 주위 여성들이 거의 다 엉덩이가 작은 것을 보고 자라면 그런 환경 조건에 적응하는 것이 실용적이다. 특정한 상황에 잘 대처하는 것이 자신에게도 좋고 후손 번식에도 성공하게 된다. 게다가 이러한 유연성은 각자 서로 다른 스타일을 좋아하게 되어서 동물류의 다양성에 유익한 결과를 가져오게 된다.

그런데 이러한 성 취향의 유연성과 가소성은 단지 어느 특정한 조건 하에서만 작동한다는 역설이 있다. 성 흥분제의 경우 특정한 자극이 있을 때에만 섹스가 성립될 수 있다. 그래서 아까의 그 쥐가 특정 재킷을 입을 때에만 성교가 가능하듯이 방귀-성 흥분자도 상대가 방귀를 뀌어야만 오르가슴에 도달한다는 것이 문제이다.

다행히도 페토마니아처럼 명령에 의해 방귀를 낄 수 있는 능력을 가진 사람들이 있다. 영국에 사는 방귀-성 흥분자도 기다리다보면 아리따운 페토마니아가 나타날 것이라는 희망을 가질 수 있다.

18

에리카는 도라를
정말 사랑합니다

스코틀랜드 동물원 직원들은 펭귄 커플인 에릭과 도라가 레즈비언인 것을 알고 쇼크를 받았다. 에릭이 수컷이 아니었던 것이다. 그래서 이름도 에리카로 바꿨다. 이 펭귄들은 이런 떠들썩한 소동에 냉담했다. 왜냐하면 그들은 너무 자연스러운 행동을 했기 때문이었다. 펭귄들은 자주 동성애 관계를 갖는다. 암스테르담에 있는 아르티스 동물원의 안경 펭귄들 중 다섯 쌍이 동성애자이며 심지어 양성애 트리오도 한 팀이 있다. 그리고 뉴욕 동물원의 펭귄 수컷들인 로이와 실로는 6년간 행복한 커플로 살았다. 그들은 알을 분양 받아서 부화시키고 정성스레 새끼를 키웠다. 이것만 보면 문제 될 게 없다.

하지만 학자들에게는 문제가 된다. 동물 세계에서는 동성애가 생겨나서는 안 되는 것이다. 다윈의 진화론에 의하면 후손 번식을 하는 생물체만이 생존할 수 있다. 수컷과 수컷이, 그리고 암컷과 암컷이 교미를 하면 자손이 생길 수 없기 때문이다.

진화심리학자인 제프리 밀러는 말한다. "어떤 생물학자도 어떻게 유성 후손 번식류에서 동성애가 생겨날 수 있었는지 설명한 적이 없다. 현대인의 1~2퍼센트가 동성애자라는 사실은 나에게는 설명할 수 없는 진화적 수수께끼로 남아 있다." 어쩌면 그 숫자는 그보다 더 높을 수도 있다. 약

10퍼센트의 사람이 동성애 경험을 한 적이 있고, 약 2~5퍼센트의 사람이 같은 성에게 강하게 끌리는 성적 취향을 가지고 있다.

많은 사람들이 동성애는 사람에게만 있는 것이라 생각하고 있다. 또한 이를 부자연스러운 것으로 생각하는 사람들도 있다. 왜냐하면 인간은 모름지기 대를 이어야 한다고 생각하기 때문이다. 그렇게 하지 않는 사람은 뭔가 잘못하고 있다는 것이다. 동성애는 이탈이나 도착증이며 잘못된 선택이라고.

캐나다 생물학자 브루스 배지밀(Bruce Bagemihl)에 의하면 완벽하게 100퍼센트 이성애 동물류는 하나도 없다고 한다. 15년 전에 출간한 그의 책《생물학적 과잉(Biological Exuberance)》에서 약 470종류의 동물들에게서 동성애적 행동을 관찰할 수 있었다고 한다.

그가 관찰한 바에 따르면 기린 수컷들은 성애의 전희 과정에서 긴 목을 서로 감고 쓰다듬고, 사자 수컷들은 서로 올라타기도 한다. 오랑우탄 수컷들은 키스를 하고, 바다소는 동성애적 에로틱함에 도취되고, 흡혈박쥐 수컷들은 서로의 몸을 닦아줄 때 발기하기도 하고, 레즈비언 바다갈매기들은 같이 알을 품기도 한다. 고슴도치, 타조, 도마뱀, 송어, 광대파리들도 같은 성의 파트너에 열광하기도 한다. 동성애적 행위는 구애나 공동 육아뿐만이 아니라 해피엔딩으로 끝나는 하드코어 행위에까지 이르기도 한다. 이런 행위는 한 번으로 끝나지 않는다.

배지밀이 관찰한 바에 의하면 이들의 동성애적 행위는 주기적으로 나타났다. 그는 우리가 동물 세계를 유심히 관찰해보면 이런 광경을 더 자주 발견할 수 있으리라고 말한다. 동성애를 하는 동물들의 리스트는 점점 길어져서 이제는 그 수가 약 1,500가지로 증가했다.

배지밀의 책은 큰 반향을 일으켰다. 하지만 얼마 전까지만 해도 상황은 그리 좋지 않았다. 여성 생물학자 린다 울프(Linda Wolfe)가 70년대에 마카카원숭이 암컷들이 서로 교미하는 것을 발견하고 이를 학계에 발표했을 때 많은 반대에 부딪혔었다. 그들은 원숭이들이 상대를 잘못 오인한 것이라

주장하고, 울프를 학문적 사기꾼이라고 비난하며, 성전환자인 그녀의 사적인 성 취향을 공격했다.

캐나다의 동물학자인 발레리우스 가이스트(Valerius Geist)는 몇몇 산양 수컷들이 다른 수컷을 올라타는 것을 보았을 때 그것을 공격성의 발로라고 가볍게 생각했다. 하지만 계속 관찰한 결과, 그들이 암컷에게 전혀 관심을 가지지 않는다는 사실을 발견했다. 미국에서도 몇몇 산양 수컷들이 매력적인 암컷과 교미하는 일에 매우 '게으름'을 피운다는 사실이 관찰되었다.

끈질기게 관찰한 결과 그들이 다른 수컷들과 열정적으로 즐기고 있는 것을 보게 되었다. 현재까지 알려진 바에 의하면 약 8~10퍼센트의 양들은 동성애자이다. 이 산양 수컷들의 뇌를 분석한 결과 이성애의 뇌와 다른 것으로 나타났다. 그 차이점은 인간 동성애자와 이성애자의 차이점과 비슷했다.

양 연구자들이 동성애 산양을 게으르다고 표현했듯이 원숭이 연구자들은 보노보의 동성애에 여러 가지 다른 이유들을 붙이곤 했다. 그들은 보노보 암컷들이 서로 성 기관을 비비며 소리를 내는 것을 '인사하기', '스트레스 해소', '달래기', '먹이 교환', '놀이' 등으로 해석했다. 중요한 것은 성적 쾌락 또는 동성애 행위라는 이유는 빠져 있다는 것이다. 그 연구자들이 반드시 호모포비아(homophobia, 동성애 혐오증)이라서 그런 것이 아니라 진화론에서는 한마디로 동성애가 설 자리가 없기 때문이다. 다행히도 요즘에는 그런 시각이 근본적으로 바뀌고 있다.

왜냐하면 근본적으로 진화론을 부정하지 않고도 동성애를 설명할 수 있는 길이 가능해졌기 때문이다. 그 길의 하나를 동성애 유전자의 발견자인 딘 헤이머(Dean Hamer)가 열어 주고 있다. 그의 말에 따르면 동성애 유전자가 살아남을 수 있었던 것은 동성애의 진화론적 장점이 후손을 얻지 못하는 단점을 상쇄하고도 남기 때문이다. 동성애 유전자를 가지고도 동성애를 실현시키지 못한 경우, 그런 유전자를 가지지 않은 이성애자보다 더 많은 후손을 가질 확률이 높다.

이 유전자 보유자들은 다른 보통 이성애자보다 더 감성이 풍부하고 창의적이며 매력적이어서 많은 암컷들에게 인기를 얻고 있기 때문이다. 이들은 또한 아주 강한 성적 욕구를 가지고 있어서 번식률도 아주 높기 때문이다. 동성애 유전자는 그런 매커니즘을 바탕으로 유전되고 있다고 헤이머는 말한다.

동성애 유전자를 가졌지만 이성애 커플로 사는 암컷들은 이성애 암컷들과는 다른 방법으로 기여를 한다. 동성애 유전자를 가진 남편과 사는 여자들은 다른 보통 이성애 남편과 사는 여자들보다 자녀수가 더 많다는 연구 결과가 있다. 이는 동성애 유전자가 여성의 성 생활을 촉진시키고 번식을 왕성하게 한다는 것을 나타낸다.

또한 동성애의 근저를 이루는 유전자들은 이타적인 행동을 촉진시킨다. 즉 직접 자식을 출산하지 못하는 사람이나 동물도 육아 부분에서는 뛰어난 자질을 보여준다. 그리하여 그 자녀들은 생존율이 높게 나타나고 그러면 동성애 유전자도 역시 살아남을 확률이 높아진다.

동성애 부부가 이성애 부부보다 부모 역할을 더 잘한다는 사실은 흑조의 예가 잘 보여주고 있다. 두 마리의 수컷 흑조들은 암컷을 둥지에서 쫓아내고 둘이 번갈아가며 알을 품는데 육아 성공률이 이성애 부모보다 더 높은 것으로 나타났다. 그들은 둥지를 가장 좋은 곳에 설치하며, 영역도 더 넓게 차지하고, 육아도 공동으로 떠맡는다. 이성애 부모를 둔 흑조 새끼의 생존율이 30퍼센트인데 반해 동성애 부모를 둔 새끼의 생존율은 80퍼센트에 달한다.

성전환자인 여성 생물학자 조앤 러프가든(Joan Roughgarden)은 진화론과 양립할 수 있는 동성애의 존재 이유를 설명한다. 2004년 발간된 책 《진화의 무지개(Evolution's Rainbow)》에서 그녀는 아주 과감한 이론을 설정한다. 다윈이 틀렸다는 것이다. 동성애 유전자가 꾸준한 비율을 계속 유지하는 것을 보면 그것을 그저 오류나 이탈로만 보는 것은 무리라는 주장이다. 섹스는 후손 번식을 위해서만 존재한다는 다윈의 이론을 떠날 때가 되었다는 말이다.

러프가든은 성적 선택 이론을 사회적 선택 이론으로 대체하고자 한다. 그녀의 말에 따르면 동물이 생존하기 위해서는 우정, 식량 재원 확보, 무리 안에서의 높은 서열 점유 역시 마찬가지로 중요하다는 것이다. 그리고 동성애는 그런 면에서 기여한다는 것이다. 다윈의 이론은 섹스가 후손 번식을 위해 존재한다고 했으나 러프가든은 섹스가 또한 중요한 사회적 러브젤 역할도 하고 있다고 믿는다.

러프가든의 말에 일리가 있다는 것은 동물류 중에서 인간과 가장 가까운 친척인 보노보의 행동을 보면 잘 알 수 있다. 섹스에 탐닉하는 이들은 양성애자이다. 이들 중 일부는 양성에게 똑같이 50퍼센트씩 관심을 가지는 반면, 나머지 원숭이들은 같은 성에게 90퍼센트 관심을 나타낸다.

보노보는 어쨌든 끊임없이 섹스를 하는데 그 방법도 여러 가지이다. 보노보 암컷이 새로 무리에 합류하면 그는 곧 가장 높은 서열의 암컷에게 가서 성기 마찰을 시도한다. 둘은 서로 골반을 움직이고 시선을 맞춘다. 새로 온 암컷은 이런 식으로 신고식을 치른다. 그렇게 함으로써 무리에서 서열을 얻게 되고 가끔 맛있는 간식도 얻어먹는다.

먹이를 분배할 때에 보노보들은 우선 섹스를 한다. 그리고 5~10분 후에 느긋하게 식사를 한다. 다른 침팬지들은 먹이 분배 때에 싸움이 일어나곤 하는데 보노보들은 성 행위를 통해 공격성을 조절한다. 그렇기 때문에 섹스가 후손 번식이라는 목적 외에 또 다른 목적을 가지는 것은 매우 자연스러운 일이다.

동성애가 부자연스러운 것이 아니라는 학계의 의견이 동성애자에게 구체적으로 어떤 의미인지는 알 수 없다. 아마도 그런 것에 별로 신경 쓰지 않는 이들도 있을 것이다. 하지만 자신의 성적 각인에 대한 생물학적 설명이 있다는 것은 좋은 일이다. 왜냐하면 동성애는 잘못이며 이런 오류는 시정되어 바른 길로 가야 한다는 문화적, 종교적 신념에 이의를 제기할 수 있기 때문이다.

동성애가 자연에 어긋나지 않다는 사실은 동성애자들을 수치심으로부터 해방시켰으며 동시에 일반적으로 동성애를 포용하는 문화를 가져왔다. 수백 종류의 동물들에서 동성애가 존재한다고 밝힌 브루스 배지밀의 책은 2003년 미국 법정의 증거물로 채택되어 미국에서 동성애를 법적으로 처벌

하던 형벌을 종식시켰다. 그 전까지는 미국에서 동성애자의 경구와 항문 섹스를 법적으로 금지했었다.

생물학자 조앤 러프가든의 메시지는 명백하다. 인간은 남자와 여자, 동성애자와 이성애자라는 이분법적인 선입견을 버려야 한다는 것이다. 자연은 이를 구별하지 않는다. 모든 것이 가능하다. 암수가 동시에 있는 동물도 있고, 성을 바꾸는 동물도 있고, 마스터베이션을 하거나, 양성애를 하는 동물도 있고, 마치 다른 성(性)인 것처럼 행동하는 동물도 있다. 섹스는 후손 번식만을 위해서 존재하는 것은 아니다.

그리고 또 한 가지, 동물 세계에는 동성애에 대한 증오가 없다. 같은 성끼리 섹스하는 것을 그들은 개의치 않는다. 뉴욕 동물원의 로이와 실로도 – 암스테르담에 있는 커플도 – 펭귄 공동체의 완벽한 일원으로 살고 있다. 스코틀랜드의 펭귄인 에릭도 동료에게 따돌림 당하지 않고 에리카로 잘 살고 있다. 자연은 판단하지 않는다. 그렇게 하는 것은 인간뿐이다. 아마도 그것이 유일하게 부자연스러운 일일 것이다.

사랑과 섹스는
결핍에서 유래한다

깊은 겨울이다. 저물어 가는 햇빛에 국화꽃과 산딸기 덩굴의 앙상한 가지가 실루엣처럼 비친다. 그들은 아직도 살아 있다. 부쩍 자라서 몇 번 곁가지를 잘라주었는데도 또 삐죽이 나와 있다. 집안의 창가에서 나는 30년 전에 이웃집 남자애가 섹스에 대해 물어서 당황했던 때가 생각났다. 그때 나는 아무것도 몰랐다.

얼마 전에 SNS에서 우연히 빈센트의 사진을 발견했다. 그 뻔뻔스런 녀석이 이제는 40세쯤 된 멋진 남자가 되어 있었다. SNS를 돌아보다가 6세쯤 되어 보이는 예쁜 여자 아이의 사진을 발견했다. 딸인가 보다. 덤불에서 나를 만난 후, 적어도 한 명 이상 여자의 앞을 보았겠군.

그리고 나는? 책은 마무리되어 가고 있다. 나는 여러 해가 지난 지금 더 많이 알고 있을까?

그런 것 같다. 우선 우리가 사랑에 관해서는 고릴라보다 펭귄을 더 닮았다는 것, 그리고 내가 이론적으로 침팬지의 새끼를 낳을 수도 있다는 것을 안다. 박테리아가 시체 변태 성욕을 가지고 있다는 것, 새는 페니스가 없어졌다는 것, 백조조차 바람을 핀다는 것도 알고 있다. 하지만 그 모든 지식이 우리의 일상생활과 무슨 관련이 있을까?

우리는 침대에서 마법에 걸려 마음을 빼앗기고자 한다. 상대방에 빠져들고, 그가 유일한 남자이고, 영원히 그렇게 남기를 바란다. 우리가 어디서 시작되었는지는 알고 싶지 않다. 유전자 재조합과 번식이라는.

나를 가장 실망시킨 인식은 사랑과 섹스가 결핍에서 유래한 것이라는 사실이다. 우리는 스트레스에 시달리는 세포들의 후손이고, 그들은 혼자 살아남을 수 없어서 부득이하게 서로 융합할 수밖에 없었다는 사실. 하지만 그러한 인식에서 영감을 받기도 한다. 오늘의 우리라고 다른 게 뭔가? 나와 함께 기쁨과 슬픔을 같이 할 짝이 없으면 얼마나 절망스러운가! 자연에서는 다양한 동물들이 관계를 맺으려고 많이 노력한다. 그것은 재미있고 상대적인 현상이다. 나는 자연이 어떻게 운행되는지를 항상 감탄스럽게 지켜보곤 한다. 아직 나의 모든 질문에 답을 한 것은 아니다.

나는 이 책을 쓰기 위한 연구를 통해 많은 깨달음을 얻게 된 것을 기쁘게 생각하고 있다. 하지만 사랑과 섹스는 궁극적으로 '한다'는 것이다. 사랑은 '행하는 것'이지, 그것에 대해 '생각하는 것'이 아니다. 동물들도 그렇게 하지 않는다.

나도 머나먼 선사시대로 거슬러 올라가는 사슬의 한 마디를 늘렸다. 2년 전에 나는 아들을 낳았다. 병실 간호사는 나를 '사자 엄마'라고 말했다. 내가 낳은 핏덩이를 곧바로 빼앗아 안았더니 하는 말이었다. 출산은 우리 안의 동물이 다시 살아나는 순간이다. 그 전의 어떤 사랑보다 더 강한 사랑이 샘솟았다.

내 아들도 조금 더 크면 – 자연이 정한대로 – 사랑과 섹스에 대해 호기심을 갖게 될 것이다. 나에게 뭐든지 물어봐도 좋다. 하지만 몇 년 후에 여자애가 담장을 넘겨보며 그의 얼굴이 빨개지게 할 때 그는 나에게 오지 않을 것이다.

인간의 섹스는 왜 펭귄을 가장 닮았을까

초판 인쇄 2017년 4월 11일
초판 발행 2017년 4월 15일

지은이 | 다그마 반 데어 노이트
옮긴이 | 조유미
디자인 | 서채홍
펴낸이 | 천정한

펴낸곳 | 도서출판 정한책방
출판등록 | 2014년 11월 6일 제2015-000105호
주소 | 서울 마포구 모래내로7길 38 서원빌딩 301-5호
전화 | 070-7724-4005 팩스 | 02-6971-8784
블로그 | http://blog.naver.com/junghanbooks
이메일 | junghanbooks@naver.com

ISBN 979-11-87685-08-1 (03470)

이 도서의 국립중앙도서관 출판예정도서목록(CIP)은
서지정보유통지원시스템 홈페이지(http://seoji.nl.go.kr)와
국가자료공동목록시스템(http://www.nl.go.kr/kolisnet)에서 이용할 수 있습니다.
(CIP제어번호: CIP2017008621)

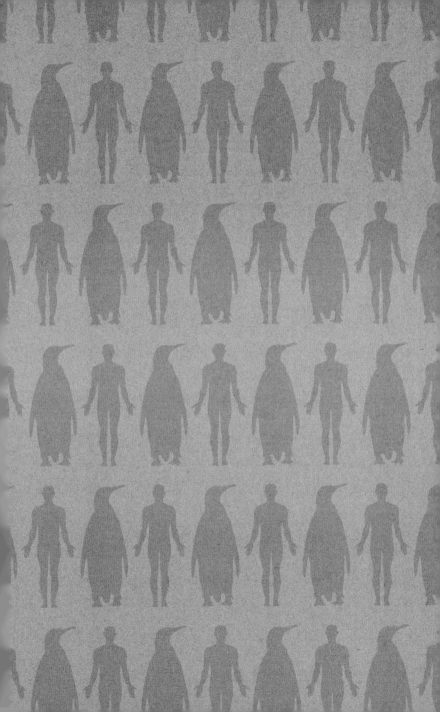